U0001330

療癒小日子×IG新食尚

週 間 便 當

星期一到星期五都要好好吃飯！
一週5天的便當菜×45款變化×98道菜色

MON ● TUE ● WED ● THU ● FRI

李伊瑟 著　陳郁昕 譯

한입에 주간 도시락

喜歡的便當菜色

@_miniseul最受歡迎的16種便當菜色

bbo_1003 好可愛的便當喔 ♥
dongmi_lee 手藝真的太好了！充滿愛意的漂亮番茄醬藝術！
lee_eunjung316 這便當真的是讚讚！哇～好想吃
mairchung 三層便當色彩繽紛，怎麼可以把便當的色調搭的那麼漂亮呢 ♥
m1_ae_ 經常瀏覽，真的很優秀！
lovely_sisimom 再集中一點的話，根本就是便當界之王了，不是嗎？

♥2400

_miniseul

♥ ○ ◁   20171127

第一盒：愛心蛋包飯
第二盒：鑫鑫腸炒時蔬
第三盒：炒小魚乾

♥2100

_miniseul

♥ ○ ◁   20171019

第一盒＋第二盒：馬鈴薯沙拉三明治
第三盒：紫菜包飯＋手工泡菜＋葡萄

♥2083

_miniseul

♥ ○ ◁   20170926

第一盒：迷你紫菜包飯
第二盒：泡麵
第三盒：養樂多＋水蜜桃＋巨峰葡萄

♥1963

_miniseul

♥ ○ ◁   20171124

第一盒：半半飯＋愛心雞蛋卷
第二盒：鑫鑫腸＋醬燒牛排
第三盒：涼拌菠菜＋圓肉餅＋芥菜泡菜

♥1939

_miniseul

♥ ○ ◁   20170821

第一盒：日式壽司
第二盒：辣炒年糕＋水煮蛋
第三盒：煎餃＋醃黃瓜&墨西哥胡椒＋黃色奇異果

♥1889

_miniseul

♥ ○ ◁   20171120

第一盒：醜醜飯糰
第二盒：辣炒年糕
第三盒：炸魚板＋炸紫菜卷＋水煮蛋

♥1780

_miniseul

♥ ○ ◁   20170817

第一盒：香腸炒飯
第二盒：橡子涼粉
第三盒：麥克雞塊＋炒海帶芽＋涼拌桔梗

♥ 1706

_miniseul   ···

♥ ◯ ◁   20180207

第一盒＋第二盒：辣咖哩飯＋奶油咖哩
飯
第三盒：玉米沙拉＋炒泡菜＋炸豬排

♥ 1668

_miniseul   ···

♥ ◯ ◁   20170804

第一盒：嫩芽拌飯
第二盒：紅燒豆腐
第三盒：地瓜沙拉＋炒小魚乾＋奇異果

♥ 1656

_miniseul   ···

♥ ◯ ◁   20170830

第一盒：高麗菜包飯
第二盒：蟹肉棒雞蛋卷
第三盒：蔥泡菜＋醬燉牛肉＋酸黃瓜

♥ 1567

_miniseul   ···

♥ ◯ ◁   20170803

第一盒：火腿泡菜炒飯
第二盒：玉米沙拉
第三盒：地瓜沙拉＋橘子＋手工醃黃瓜

♥ 1550

_miniseul   ···

♥ ◯ ◁   20180108

第一盒＋第二盒：蟹肉棒豆皮壽司
第三盒：玉米沙拉＋醬燒牛排＋草莓

♥ 1521

_miniseul   ···

♥ ◯ ◁   20171010

第一盒＋第二盒：牛肉泡菜握壽司
第三盒：日式紅薑&蕗蕎＋葡萄＋水果沙
拉

♥ 1436

_miniseul   ···

♥ ◯ ◁   20170904

第一盒：蕎麥冷麵
第二盒：鮮蝦握壽司
第三盒：韓式涼拌梔子蘿蔔&墨西哥胡椒
＋炸豬排＋葡萄

♥ 1356

_miniseul   ···

♥ ◯ ◁   20171117

第一盒：香腸蛋炒飯
第二盒：豬腳＋芥菜泡菜
第三盒：蘋果＋炒魚片＋櫛瓜煎餅

♥ 1348

_miniseul   ···

♥ ◯ ◁   20171204

第一盒＋第二盒：紫菜包飯
第三盒：玉米沙拉＋辣炒蝦仁＋草莓

CONTENTS

WEEKLY LUNCHBOX INFORMATION

喜歡♥三層便當 04
1 飯＋主菜＋配菜是便當的基本 11
2 以一週為單位所規劃的食譜 12
3 最少三種顏色以上的顏色搭配 13
4 收尾的醬料、裝飾、道具 14
5 實戰！製作三層便當 16

1+WEEK ｜ 蛋白質便當 By 牛肉、豬肉

採買 VS 整理 20

製作彩色配菜 22
地瓜沙拉、韓式煎豆腐、涼拌菠菜、蒸蛋、韭菜煎餅、辣椒醬炒小魚乾

製作一週的主菜 26
牛肉韭菜卷、醬燒牛排、五花肉泡菜鍋、叉燒肉蓋飯、牛肉壽司

〔星期一〕毛豆愛心飯＋牛肉韭菜卷＋地瓜沙拉＋涼拌菠菜＋韓式煎豆腐 32
〔星期二〕飯糰＋醬燒牛排＋韓式煎豆腐＋蒸蛋＋涼拌菠菜 34
〔星期三〕花型煎蛋飯＋五花肉泡菜湯＋蒸蛋＋韭菜煎餅 36
〔星期四〕叉燒肉蓋飯＋韭菜煎餅＋辣椒醬炒小魚乾＋黃金蜜柚 38
〔星期五〕牛肉壽司＋辣椒醬炒小魚乾＋地瓜沙拉＋黃金蜜柚 40

2+WEEK ｜ 能量便當 By 雞肉

採買 VS 整理 44

製作彩色配菜 46
涼拌青江菜、涼拌辣蘿蔔絲、蒜炒鮮蝦、炒馬鈴薯絲、南瓜沙拉、醋醃蘿蔔

製作一週的主菜 50
韓式辣雞翅、雞胸肉火腿腸壽司、韓式甜辣炸雞、辣燉雞、韓式醬烤雞腿

〔星期一〕米飯＋韓式辣雞翅＋涼拌青江菜＋南瓜沙拉＋醋醃蘿蔔 56
〔星期二〕雞胸肉火腿腸壽司＋涼拌青江菜＋涼拌辣蘿蔔絲＋柳橙 58
〔星期三〕荷包蛋飯＋韓式甜辣炸雞＋炒馬鈴薯絲＋柳橙＋蒜炒鮮蝦 60
〔星期四〕愛心飯＋辣燉雞＋南瓜沙拉＋炒馬鈴薯絲 62
〔星期五〕鷹嘴豆飯＋韓式醬烤雞腿＋醋醃蘿蔔＋蒜炒鮮蝦＋拌辣蘿蔔絲 64

3+WEEK | **維他命便當** By 蔬菜

採買 VS 整理 68

製作彩色配菜 70
韓式豆腐醬、涼拌春白菜、炒迷你杏鮑菇、涼拌綠豆涼粉、涼拌桔梗、涼拌山蒜

製作一週的主菜 74
烤茄子卷、蘿蔔葉味噌湯、魷魚水芹蔬菜卷、山薊菜飯、生菜包飯

〔星期一〕醜醜飯糰＋烤茄子卷＋涼拌綠豆涼粉＋涼拌春白菜＋涼拌桔梗 80
〔星期二〕毛豆飯＋蘿蔔葉味噌湯＋涼拌春白菜＋炒杏鮑菇 82
〔星期三〕鷹嘴豆飯＋魷魚水芹蔬菜卷＋涼拌山蒜＋韓式豆腐醬＋鳳梨 84
〔星期四〕山薊菜飯＋涼拌桔梗＋炒杏鮑菇＋涼拌山蒜 86
〔星期五〕生菜包飯＋韓式豆腐醬＋拌綠豆涼粉＋鳳梨 88

4+WEEK | **元氣便當** By 海鮮

採買 VS 整理 92

製作彩色配菜 94
櫛瓜煎餅、紫蘇油炒酸辣泡菜、醬燒明太魚乾、涼拌海藻龍鬚菜、
韓式味噌拌辣椒、醬燉馬鈴薯

製作一週的主菜 98
辣炒章魚、牡蠣飯、烤鰻魚、鮑魚粥、牡蠣煎餅

〔星期一〕卡通主角飯＋辣炒章魚＋櫛瓜煎餅＋紫蘇油炒酸辣泡菜＋黃桃 104
〔星期二〕牡蠣飯＋醬燒明太魚乾＋涼拌海藻龍鬚菜＋韓式味噌醬拌辣椒 106
〔星期三〕飯糰＋烤鰻魚＋紫蘇油炒酸辣泡菜＋櫛瓜煎餅＋醬燒明太魚乾 108
〔星期四〕鮑魚粥＋醬燉馬鈴薯＋涼拌海藻龍鬚菜＋水果雞尾酒 110
〔星期五〕花型煎蛋飯牡蠣煎餅＋黃桃＋韓式味噌醬拌辣椒＋醬燉馬鈴薯 112

Contents

5+WEEK | **解毒便當** By 塊根蔬菜

採買 VS 整理 116

製作彩色配菜 118
豆瓣醬炒茄子、涼拌綠豆芽、韓式蒸糯米椒、韓式煎豆腐、鮮蝦花椰菜煎餅、
蓮藕泡菜

製作一週的主菜 122
高麗菜卷、馬鈴薯辣椒醬燉湯、炒甜椒什錦、牛蒡豬肉卷、高麗菜飯卷

〔星期一〕黑米飯＋高麗菜卷＋涼拌綠豆芽＋豆瓣醬炒茄子＋火龍果　128
〔星期二〕太陽煎蛋飯＋馬鈴薯辣椒醬燉湯＋韓式蒸糯米椒＋蓮藕泡菜　130
〔星期三〕炒甜椒什錦＋鮮蝦花椰菜煎餅＋豆瓣醬炒茄子＋蓮藕泡菜　132
〔星期四〕日式香鬆飯＋牛蒡豬肉卷＋涼拌綠豆芽＋鮮蝦花椰菜煎餅
　　　　　＋韓式煎豆腐　134
〔星期五〕高麗菜包飯＋韓式煎豆腐＋韓式蒸糯米椒＋火龍果　136

6+WEEK | **輕食便當** By 豆類、豆腐、雞蛋

採買 VS 整理 140

製作彩色配菜 142
涼拌垂盆草、涼拌豆芽菜、涼拌蕨菜、通心麵沙拉、涼拌蒟蒻、涼拌小白菜

製作一週的主菜 146
豆芽菜炒五花肉、酪梨明太子魚卵拌飯、豆腐泡菜、麻婆豆腐、垂盆草蛋卷

〔星期一〕白飯＋豆芽菜炒五花肉＋涼拌蕨菜＋通心麵沙拉＋涼拌垂盆草　152
〔星期二〕酪梨明太魚子拌飯＋涼拌蒟蒻＋涼拌蕨菜＋葡萄柚　154
〔星期三〕微笑起司飯＋豆腐泡菜＋涼拌豆芽菜＋涼拌垂盆草
　　　　　＋通心麵沙拉　156
〔星期四〕毛豆飯＋麻婆豆腐＋涼拌小白菜＋涼拌蒟蒻　158
〔星期五〕薑黃飯＋垂盆草蛋卷＋通心麵沙拉＋涼拌小白菜＋涼拌豆芽菜　160

7+WEEK | **速食便當 By 速食食品**

採買 VS 整理 164

製作彩色配菜 166
歐姆蛋、心型蟹肉煎餅、辣炒魚板、泡菜炒鮪魚、拌紫菜、卷心菜沙拉

製作一週的主菜 170
糖醋餃子、炸豬排蓋飯、酥炸午餐肉、辣炒紫菜卷年糕、鑫鑫腸炒時蔬

〔星期一〕糖醋餃子 + 泡菜炒鮪魚 + 藍莓　176
〔星期二〕豬排蓋飯 + 卷心菜沙拉 + 辣炒魚板 + 藍莓　178
〔星期三〕日式香鬆飯 + 酥炸午餐肉 + 心型蟹肉煎餅 + 泡菜炒鮪魚
　　　　 + 歐姆蛋　180
〔星期四〕鷹嘴豆飯 + 辣炒紫菜卷年糕 + 歐姆蛋 + 心型蟹肉煎餅　182
〔星期五〕綠球藻飯 + 鑫鑫腸炒時蔬 + 辣炒魚板 + 卷心菜沙拉 + 拌紫菜　184

8+WEEK | **特色便當 By 麵包、麵條**

採買 VS 整理 188

製作彩色配菜 190
拔絲地瓜、韓式甜辣雞米花、青醬義大利麵、韓式涼拌梔子蘿蔔、蟹肉棒沙拉、
酸黃瓜

製作一週的主菜 194
舀著吃披薩、墨西哥牛肉捲餅、蕎麥冷麵、烏龍麵沙拉、玉子三明治

〔星期一〕舀著吃的披薩 + 酸黃瓜 + 拔絲地瓜 + 蟹肉沙拉　200
〔星期二〕墨西哥牛肉捲餅 + 鱷梨塔塔醬 + 酸奶油 + 莎莎醬　202
〔星期三〕蕎麥冷麵 + 拔絲地瓜 + 韓式涼拌梔子蘿蔔 + 奇異果冷麵醬汁　204
〔星期四〕烏龍麵沙拉 + 韓式甜辣雞米花 + 涼拌梔子醃蘿蔔
　　　　 + 青醬義大利麵　206
〔星期五〕玉子三明治 + 青醬義大利麵 + 蟹肉棒沙拉 + 酸黃瓜
　　　　 + 韓式甜辣雞米花　208

+DAY | **特殊便當 In 紀念日**

〔情人節〕愛心蛋包飯 + 水果特調 + 薯餅 + 鵪鶉蛋沙拉 + 草莓　212
〔野　餐〕蟹肉棒豆皮壽司 + 韓式甜辣迷你炸豬排 + 迷你炒高麗菜 + 香蕉　214
〔生　日〕傳達信息的米飯 + 海帶湯 + 烤 LA 排骨 + 醃蘿蔔蔬菜卷 + 西瓜　216
〔運動會〕馬鈴薯沙拉三明治 + 香辣炸雞球 + 沙拉　218
〔聖誕節〕飛魚卵壽司 + 鮭魚壽司 + 日式紅薑 + 蕗蕎 + 綠葡萄　220

WEEKLY LUNCHBOX
INFORMATION

米飯＋主菜＋配菜是便當的基本 >> P.11

以一週為單位所規劃的食譜 >> P.12

最少三種顏色以上的顏色搭配 >> P.13

收尾的醬料、裝飾、道具

實戰！製作三層便當 >> P.16

1 米飯＋主菜＋配菜是便當的基本

三層便當的核心是將便當分成三盒。「要將一個小便當盒裝滿就很難了，更何況是要在一早準備出三層便當！」這光是想起來就讓人吃驚不已了吧。其實要將便當按類型分裝成一、二、三盒比想像中來得簡單許多。

第一盒　米飯

第一盒是盛裝米飯的空間。將米飯與菜餚區隔開來、避免混在一起，在米飯上妝點出色彩或造型。色彩可以透過鷹嘴豆、毛豆、碗豆等豆類，或黑米、綠球藻米、薑黃米等彩色米來表現。而造型則能透過三角形、圓形等形狀的模型來製作。也可以利用芝麻海苔拌飯調味粉、煎蛋等點綴，或透過紫菜包飯的紫菜、起司、番茄醬等描繪出各式各樣的卡通角色。

第二盒　主菜

第二盒是主菜，即擺放主要菜餚的空間。先在便當盒底部鋪上生菜或紫蘇葉，將烤好、炒好、燉好或炸好的肉類或海鮮擺放在上方，如此就不用擔心醬汁或油溢出來的狀況發生、菜色的份量看起來也更為豐盛。將主菜切成相同的大小後豎起排入便當盒中，並在上方撒上香芹粉或切成細絲的蔥絲、紫蘇葉、芝麻等做收尾。

第三盒　配菜＋甜點

第三盒裝的是配菜與甜點。配菜的食材與調味料應避免與主菜重複，另外也需要考慮到與第一盒、第二盒便當之間的配色問題。在區分成三格的第三盒便當盒中，將涼拌菜、醃菜、清炒等蔬菜料理裝入其中兩格空間，而剩餘的那一格則放入沙拉或當作甜點的水果等。容易變枯黃、出水的蔬菜料理需要預先以調味料調理好，並於準備便當的當天再放入便當盒中，這也是維持菜色與美味的不二法門。

2 以一週為單位所規劃的食譜

想在上班前的忙碌早晨準備三層便當
是需要祕訣的。現在就開始以一週為
單位規劃食譜吧。

STEP 1 預先規劃出每星期的菜單

在每週的星期天晚上準備下一週的便當
菜。從規劃菜單、採買食材、整理食材到製作
配菜等作業，通通都得在星期天晚上開始。首
先，需在採買前先規劃出菜單、並記錄在筆記
本上，擬訂菜單時得先決定出每星期的重點食
材，如此做是為了要妥善運用所有的食材不致
於浪費掉。

STEP 2 六種配菜＋五種主菜

一星期的菜單需由六種配菜和五種主菜組
成。每天輪換六種配菜中的其中兩種來搭配，
而五種主菜則在當天早上料理好後裝入便當盒
裡。每兩天準備一次配菜，每天準備主菜的方
式是為了要能時時確認便當的菜色、避免食材
重複。

STEP 3 一星期採買一次食材

擬訂出菜單後，就可以準備採買食材了。
在採買之前，當然得先確認冰箱裡剩的食物，
另外擬出所需購買的清單。一星期的採買費用
以韓幣三萬元為基準，（約台幣一千元左右，
依台灣物價可斟酌調降，將六百塊使用在主菜
上，剩下的四百塊則分配給配菜。）蔬菜選擇
在可以少量購買的傳統市場裡購買，肉品亦選
擇可以自己指定份量的肉攤中採買，而剩餘的
食材則在超市舉辦限時促銷時買入最合宜。

3 最少三種顏色以上的顏色搭配

規劃菜單時，設計出具備三種以上色彩的菜單。而紅色、黃色與綠色是基本色。

白色

白色的蔬菜中含有能降低膽固醇、與有助於抗癌的花黃素和黃酮素成份。亦是能將便當變得更多彩多姿的色調。

紅色
● ● ● ● ● ● ● ● ●

紅色能提高食慾。紅色蔬菜與水果中含有具備抗癌作用的茄紅素、與提高免疫力的花青素。也是能讓食物看起來更可口的顏色。

黃色
● ● ● ● ● ● ● ● ●

黃色能讓便當看起來更加豐富。南瓜、玉米、香蕉等黃色蔬果中不僅具有能預防老化、及有助於抗癌的胡蘿蔔素，而且維生素與礦物質的含量也相當高。

綠色
● ● ● ● ● ● ● ● ●

便當中經常出現的綠色蔬菜與水果對促進我們身體的新陳代謝和排毒、疲勞恢復等有著很大的功用。也能讓便當看起來生氣勃勃。

褐色與紫色、黑色
● ● ● ● ● ● ● ● ●

紫色與黑色蔬菜與水果中的花青素成份有助於預防老化、提高免疫力、提升記憶力。另外，此類顏色容易抑制食慾、有助於減肥喔。

4 收尾的醬料、裝飾、道具

為了要節省時間，我們有必要做事前的準備。
預先製作好經常使用到的調料與醬料，另外也
準備出收尾整盤所需的裝飾材料與工具。

預先製作經常使用到的調味料

按料理的經驗來說，調味料大致區分成醬油與辣椒醬兩大
類。預先將基本的調味料、與經常使用到的醬料備妥。

醬油調料：醬油 3 大匙、清酒 2 大匙、香油 1 大匙、蒜末 1/2 大匙、胡椒粉 1/2 大匙
辣椒醬調料：辣椒醬 3 大匙、醬油 1 大匙、辣椒粉 1 大匙、砂糖 1 大匙、青梅汁 1 大匙、寡糖 1 大匙、蒜末 1 大匙，
香油 1/2 大匙
芝麻沾醬：美乃滋 3 大匙，芝麻 2 大匙，洋蔥 1/8 顆，醬油 1 大匙、檸檬汁 1 大匙、砂糖 1/2 大匙、寡糖 1/2 大匙、香
油 1 小匙
東洋風味醬汁：醬油 2 大匙、橄欖油 2 大匙、砂糖 2 大匙、食醋 1 大匙、料酒 1 大匙、蒜末 1 大匙
塔塔醬：美乃滋 2 大匙、洋蔥末 1/2、酸黃瓜末 1/2 大匙、芥末醬 1 小匙、蜂蜜 1 小匙、檸檬汁 1/2 小匙、西洋芹些許

收尾裝飾用食材

盛放食物時，為了要讓便當看起來整體乾淨俐落、通常會
將食物立起直線擺入容器內，然後在食物上方撒上西洋
芹、白芝麻、黑芝麻等，即使是小小的裝飾也能讓食物看
起來更加美味可口。

香芹粉：要直向撒在主菜上，看起來才會簡潔俐落。
白芝麻：撒在辣椒醬或深色的醬料上。
芝麻海苔拌飯調料粉：在米飯上撒上一直線才會顯得漂亮。
黑芝麻：裝飾在豆皮壽司、或亮色系的配菜上。
辣椒：將辣椒籽去除後，切薄片裝飾。
青蔥：切成蔥花點綴在紅色醬料上。

製作便當所需的工具

開始準備午餐便當後，廚房中不同工具也跟著一樣一樣增加。平常使用
的小藥瓶和美容剪刀、鑷子也被重新賦予新的功能。

整理與製作	裝飾

整理與製作

波浪刀

在欲將韓式涼粉、小黃瓜、白蘿蔔
等切成酸黃瓜片的模樣時使用。若
挑選的刀具較大，也可以兼用來作
為切菜的菜刀。

蛋黃分蛋器

便於將雞蛋的蛋黃與蛋白
區分開來的工具。清洗
後，務必在乾燥的狀態下
使用。

碎菜器

想將炒飯、圓肉餅所需用
到的蔬菜搗碎時可以使用
的工具。洗乾淨後，需乾
燥保管。

蛋捲煎鍋

比起方形煎鍋，長方
形的煎鍋操作起來
更為方便。使用
時應小心避免
刮傷塗層。

裝飾

美容剪刀

在製作卡通角色便當時，經常會用
來修剪海苔。需在熱水中消毒後再
行使用。

藥瓶

在利用各式各
樣的醬料裝飾
便當時經常使
用到。請以水
漂洗乾淨後再
行使用。

鑷子

使用在將海苔或
芝麻拼貼出造型
時。長度 10CM
左右的鑷子使用
起來最為上手。

造型模具

可用在將米飯、起司與煎蛋
等塑型、裝飾便當。若想運
用在溫度較高的食材上，請
務必挑選不銹鋼材質的模具
使用。

烘焙紙

準備杯狀、橢圓形
等符合便當大小的
容器。因為是要用
來盛裝物的，必
須費心保管、不讓
其沾上灰塵。

醬料杯

直徑 4~5 cm大小便於
放入便當盒中。洗淨
後晾乾即可。

5 實戰！製作三層便當

現在開始，我們要來製作三層便當了。第一盒裝入各式各樣的米飯，第二盒放入當日早上所料理的主菜，而第三盒則放入週末預先製作好的配菜。

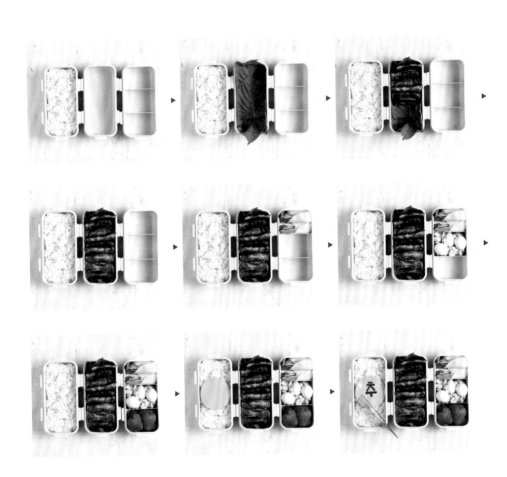

便當盒分格工具

生菜：鋪放在主菜下方能讓料理看起來更加豐富。也可用來隔便當盒裡的空間。

紫蘇葉：可用來鋪在肉類下方，亦可以用來包裹食材，與其他菜餚區分開來。

花椰菜：倘若便當盒多出了空間，那麼可以擺入花椰菜來固定內容物。

醬料杯：使用在盛裝各種醬料時。

烘焙紙：可以將帶有水份的菜餚放入烘焙紙中，也可以用在區分菜餚上。

第一盒：裝飯

將米飯裝入第一盒。若將米飯牢牢實實地壓入便當盒中，米飯很容易結成一塊，因此請利用筷子在飯粒與飯粒之間撥動，留出空氣層來。米飯的顏色需在菜單制定階段中就先決定好。也可以利用綠球藻米或薑黃米製作出彩色飯。

第二盒：擺放紫蘇葉 → 裝入主菜

清洗幾片紫蘇葉、並將蒂頭摘除後，鋪放在第二盒便當容器中。此時需讓紫蘇葉從容器兩側邊緣露出來，這樣看起來才會漂亮。將用來作為主菜的肉品切成適當的大小後、立起擺入便當盒中。

第三盒：裝入配菜1→配菜2→甜點

將兩種配菜分別裝入其中兩小格裡。首先，將卷類食物平放層層擺入、或裁掉尾端後立起放入便當盒中，再將沙拉放入另一格中。最後將草莓蒂頭處切成V型、捏出愛心形狀的草莓後裝入便當盒中。

裝飾：在米飯上拼出文字畫龍點睛

這裡將示範生日主題的便當，將起司片剪成圓形擺放在米飯上方、再以海苔拼出「祝」字。在米飯上做裝飾時，需在第一盒、第二盒、第三盒便當都裝好後才進行，這時白飯的熱氣差不多已經散去，才不會讓裝飾的造型糊掉。

1+WEEK

蛋白質便當
牛肉、豬肉

在溫差逐漸趨大的換季時期、或身體狀況不適的時候，
請準備蛋白質便當。本週是透過牛肉與豬肉補充蛋白質的一週。
本章節將介紹如何利用牛肉與豬肉製作出
五種主菜與六種配菜的一星期蛋白質便當。

星期一 毛豆愛心飯＋牛肉韭菜卷＋地瓜沙拉＋涼拌菠菜＋韓式煎豆腐
星期二 飯糰＋醬燒牛排＋韓式煎豆腐＋蒸蛋＋涼拌菠菜
星期三 花型煎蛋飯＋五花肉泡菜湯＋蒸蛋＋韭菜煎餅
星期四 叉燒肉蓋飯＋韭菜煎餅＋辣椒醬炒小魚乾＋黃金蜜柚
星期五 牛肉壽司＋辣椒醬炒小魚乾＋地瓜沙拉＋黃金蜜柚

採買

決定出整個星期的蛋白質食譜主菜與配菜菜色後，列出採購清單來。在採買食材時，千萬別忘了色彩的搭配。本週要採買的核心食材是牛肉塊、豬五花肉、里肌肉、牛前腰脊肉。

Shopping List

核心食材：豬五花肉 180g、烤肉用牛肉 150g、牛里肌肉 150g、牛前腰脊肉 150g
蔬菜與水果：韭菜 3 把、菠菜 1/2 把、地瓜 2 根、青陽辣椒 2 根、洋蔥 1 顆、紅色甜椒 1 顆、黃色甜椒 1 顆、黃金蜜柚 1 顆、大蔥 20cm、紫蘇葉 2 片、蒜頭 3 瓣
其他：豆腐 1/2 塊（150g）、雞蛋 5 顆、罐頭玉米 1 罐（200g）、酸辣泡菜 90g、小魚乾 50g、昆布 5×5 公分 3 張、沙丁魚 1 尾、綜合堅果些許、洗米水 1 杯，泡菜湯汁 1/2 杯、冷藏奶油 1 小匙、煎餅粉些許、炸雞粉些許、牛奶些許
醬料：山葵、照燒醬、美乃滋、青梅汁、芥末醬、咖哩粉

整理

蒸蛋

辣椒醬
炒小魚乾

韓式煎豆腐

涼拌菠菜

牛肉韭菜

醬燒牛排

地瓜沙拉

韭菜煎餅

叉燒肉蓋飯

五花肉泡菜鍋

牛肉壽司

若採買結束，那就要進入整理食材的階段了。將六種配菜所需的食材準備至馬上就能料理的程度，而每天早上要料理的五樣主菜則在料理的前一天晚上再行準備。依據各道菜色整理、分別將食材放入容器中，如此在料理時會更加順手。

How to list

〔配菜食材整理〕

1 將小魚乾中的雜質挑出來，豆腐的水份也去除。

2 製作蒸蛋所需的昆布高湯。

3 將菠菜放入加了粗鹽的熱水中汆燙 10 秒左右。

4 將地瓜放入加了昆布的熱水中蒸熟。

5 清洗韭菜，並切成 3 公分左右的長度。

〔主菜食材整理〕

1 將烤肉用牛肉片與牛前腰脊肉切成適當的大小。

2 五花肉切成可一口放入嘴中的大小，牛里肌切成丁。

3 將醬燒牛排所要用到的蔬菜切成丁狀，肉卷所需的韭菜切成 6 公分左右的長度。

21

製作蛋白質便當的配菜

在蛋白質週更應該注意配菜中的營養。今天所要製作的配菜
有蒸蛋、涼拌菠菜、辣椒醬炒小魚乾、韓式煎豆腐、韭菜煎
餅和地瓜沙拉。這裡加入了許多有助於肉類吸收的食材。

涼拌菠菜

辣椒醬炒小魚乾

韭菜煎餅

韓式煎豆腐

地瓜沙拉

蒸蛋

彩色配菜 6 道

地瓜沙拉

地瓜（中）2 根、罐頭玉米 1/3 罐（50g）、昆布
5x5cm 2 張、綜合堅果 1 大匙、
美乃滋 1 大匙、寡糖糖漿 1/2 大匙

1. 將地瓜和昆布放入鍋中，將水倒入至蓋住地
   瓜 2/3 左右的高度。
2. 以大火蒸煮直至蒸氣出現後，將爐火調成中
   火、再蒸 20 分鐘左右。
3. 將蒸好的地瓜撈起、去皮後，利用湯匙將地
   瓜壓成泥。
4. 將罐頭玉米過篩瀝除水份。
5. 將瀝乾的玉米、綜合堅果、美乃滋、寡糖糖
   漿放入❸中攪拌均勻。

COOKING TIP

若在蒸地瓜時加入昆布，昆布中的海
藻酸會提高沸點，減少蒸地瓜的時
間。

韓式煎豆腐

COOKING TIP

也可以先製作好調味醬後，淋在煎得
金黃的豆腐上享用。

豆腐 1/2 塊（150g）、洋蔥 1/6 顆、大蔥 5cm、
食用油 2 大匙、鹽巴 1 小撮、水 1/4 杯
醬料 陳年醬油 2 大匙、辣椒粉 1 大匙、
糖漿 1 大匙、蒜末 1 小匙、香油 1 小匙、
砂糖 1/2 小匙、白芝麻些許

1. 豆腐切成 1cm 左右的厚度，並在上方蓋上
   餐巾紙後，撒上一小指的鹽巴、靜待 10 分
   鐘等水份去除。
2. 將洋蔥切成寬幅約 0.5cm 的絲狀，大蔥斜
   切。
3. 將食用油倒入已熱好的鍋中，放入豆腐以中
   小火煎到豆腐兩面金黃，瀝除過多的油份。
4. 將調配好的醬汁倒入❸中拌勻。
5. 倒入 1/4 的水並放入煎好的豆腐、洋蔥絲、
   蔥花滾煮至湯汁收乾為止。

涼拌菠菜

菠菜 1/2 把、粗鹽 1/2 大匙、香油 1/2 大匙、
蒜末 1 小匙、湯醬油 1/2 小匙、鹽巴些許

1. 將菠菜放入加了粗鹽的滾水中，氽燙 10 秒
   鐘。
2. 將燙熟的菠菜撈起放入冷水中冰鎮，務必將
   菠菜的水瀝除乾淨。
3. 將❷與蒜末、湯醬油、香油、芝麻、鹽巴放
   入容器中攪拌均勻。

COOKING TIP

若覺得味道太淡，則可以依據個人喜
好增減湯醬油和鹽巴的用量。

蒸蛋

雞蛋 4 顆、紅色甜椒 1/6 顆、鹽巴 2/3 小匙
昆布高湯 昆布 5x5cm 1 張、沙丁魚 1 尾、
水 1 杯

1. 將水倒入鍋子中並放入昆布、小沙丁魚煮約
   10 分鐘後，調高火候。當水滾開時，調至
   中火再煮約 1 分鐘，關火並撈出昆布，過
   15 分鐘再撈出沙丁魚。
2. 將雞蛋打勻並過 2 次篩、篩掉卵帶，甜椒切
   成四邊各 0.5cm 左右的小丁塊。
3. 將❶的昆布高湯與塊狀的甜椒、鹽巴放入蛋
   液中攪拌均勻。
4. 將❸倒入微波爐專用的容器中，並裹上保鮮
   膜，在保鮮膜上戳洞後放入微波爐中微波約
   6 分鐘。

COOKING TIP

拿筷子插入雞蛋，若筷子上沒有沾附
雞蛋的話即代表蒸蛋已經熟透了。

韭菜煎餅

韭菜 2 把（100g）、洋蔥 1/6 顆、
青陽辣椒 1 根、食用油適量
麵糊 雞蛋 1 顆、煎餅粉 7 大匙、
炸雞粉 3 大匙、冷水 1/2 杯

1. 將韭菜整理乾淨後，切成約 3cm 的長度，
   洋蔥切成細絲狀。拍打青陽辣椒成辣椒末。
2. 將煎餅粉、炸雞粉、冷水倒入碗中並打入雞
   蛋拌勻後，放入❶的所有蔬菜不停地攪拌。
3. 在熱鍋中倒入食用油，將❷的麵糊倒入鍋中
   使其薄薄地勻稱的散至鍋中，以中火慢煎。
4. 當上面的白色麵糊逐漸消失、下方面的麵糊
   變金黃時，翻面繼續煎。

COOKING TIP

若想沾著醬料搭配著吃，那麼只要將
1/2 根的青陽辣椒末、醬油 2 大匙、
食醋 1/2 大匙、砂糖 1 小匙、辣椒粉
1 小匙、芝麻些許攪拌均勻後沾著煎
餅吃就可以了。

辣椒醬炒小魚乾

小魚乾 1 杯（50g）、芝麻 1 大匙、
寡糖糖漿 1 大匙、食用油 1 大匙
辣椒醬調料 料酒 2 大匙、辣椒醬 1 大匙、
糖漿 1 大匙、砂糖 1/2 大匙

1. 將挑除雜質並清洗乾淨的小魚乾放入平底鍋
   中，在沒有倒入油的情況下以中火翻炒。
2. 炒 1 分鐘後再將食用油拌入小魚乾中，繼續
   以中火不斷翻炒。
3. 將所有醬料食材攪拌均勻後倒入鍋中，以小
   火滾煮製作成辣椒醬調料。
4. 當醬料沸騰後，倒入❷的小魚乾拌勻。
5. 再拌入芝麻與寡糖糖漿就完成了。

COOKING TIP

小魚乾需在沒有加入油的狀態下先翻
炒過，讓小魚乾肚子中的濕氣與腥味
消失後，口感才會變得酥脆焦香。

製作蛋白質便當的主菜 1人份

在包便當的前一天進行主菜的前置作業，到了當天一早就只需讓主菜熟了就完事了。加熱過程安排在當日早上，食物才會新鮮美味，肉類料理亦是如此。

牛肉韭菜卷

`先前一天晚上` 將韭菜卷入醃好的牛肉片中製作成牛肉卷。

叉燒肉蓋飯

`先前一天晚上` 將調味醬準備好，所需的蔬菜也先處理好備用。

牛肉壽司

`先前一天晚上` 將洋蔥絲泡水，去除辛辣味，並準備好壽司醋。

醬燒牛排

`先前一天晚上` 先將醬料調配好使其發酵。

五花肉泡菜鍋

`先前一天晚上` 將泡菜切成 2cm 左右的寬幅，辣椒粉與咖哩粉攪拌均勻備用。

一週的 5 道主菜

刺激味蕾、喚醒身體機能的美味

牛肉韭菜卷

烤肉用牛肉片 150g、
韭菜 1 把（50g）、
冷藏奶油 1 小匙
牛肉醃料 鹽巴些許、胡椒粉些許
芥末沾醬 芥末 1 大匙、食醋 1 大匙、
砂糖 1/2 大匙、水 1/2 大匙、醬油 1 小匙

前一天晚上（1～3）

1. 在牛肉片上鋪放餐巾紙吸除血水後，將牛肉切成 10cm 左右的長度，並撒上鹽巴與胡椒粉醃漬。
2. 將韭菜洗乾淨，切成 6cm 左右的長度。
3. 將醃好的牛肉攤平、將韭菜擺入，以大約 10 元銅板的直徑大小將牛肉與韭菜一起卷起來。
4. 將奶油放入熱好的鍋子中使其融化，再將❸放入鍋中，並以中小火均勻地烤熟。
5. 將所有的沾醬材料攪拌均勻，製作成醬汁後淋上。

COOKING TIP

與花生醬料也很般配喔

牛肉韭菜卷和花生醬料搭配起來可說是天生一對。將花生奶油 2 大匙、美乃滋 1 大匙、檸檬汁 1 大匙、蜂蜜 1/2 大匙、蜂蜜奶油醬 1/2 大匙拌勻就可以做出好吃的花生醬汁了。

餘韻留存的美味
醬燒牛排

牛里肌肉 150g、洋蔥 1/6 顆、
紅色甜椒 1/6 顆、黃色甜椒 1/6 顆、
冷藏奶油 1 大匙
牛肉醃料 橄欖油 1 大匙、鹽巴些許、
胡椒粉些許
調味醬 牛排醬 2 大匙、蠔油 1 大匙、
番茄醬 1/2 大匙、寡糖糖漿 1/2 大匙、
辣椒醬 1/2 大匙

 ▶

 ▶  ▶

前一天晚上（1～3）

1. 將牛里肌肉切成 2×2cm 左右的塊狀，並以橄欖
   油、鹽巴、胡椒粉醃漬 20 分鐘以上。
2. 將洋蔥與甜椒切成與牛里肌肉相同大小的塊狀。
3. 將所有的調味醬食材攪拌均勻做成調味醬。
4. 將奶油放入熱鍋中融化，並將塊狀的洋蔥與甜椒放
   入鍋中，以中火拌炒至洋蔥變透明為止。
5. 將醃好的牛肉放入❹中以大火快烤。
6. 當牛肉的表面開始出現焦糖色時，倒入準備好的醬
   料，以中火再煎 1 分鐘左右。

COOKING TIP
牛肉需要在大火中快烤
烤牛肉時需以大火快烤，當牛
肉表面烤熟的同時，也將肉汁
鎖在裡面了。若烤得過久牛肉
很容易變乾柴，請留心。

泡菜與五花肉的完美結合

五花肉泡菜鍋

豬五花肉 30g、酸辣泡菜 90g、洋蔥 1/6 顆、
青陽辣椒 1/2 根、大蔥 5cm
高湯調料 洗米水 1 杯、泡菜湯汁 1/2 杯、
辣椒粉 1 大匙、蒜末 1 小匙、湯醬油 1 小匙、
咖哩粉 1/2 小匙、蝦醬些許

前一天晚上（1～2）

1. 將洋蔥切成寬度 0.5cm 的洋蔥絲，青陽辣椒與大蔥
   斜切。
2. 五花肉切成方便一口食用的大小，泡菜切成寬度
   2cm 左右。
3. 將五花肉放入鍋子中煮一會兒，接著放入泡菜、泡
   菜湯汁、蒜末一起拌煮。
4. 當湯汁滾了之後倒入洗米水，再將辣椒粉與咖哩粉
   拌勻倒入一起滾煮。
5. 當豬肉熟至某個程度後，將準備好的洋蔥、大蔥、
   青陽辣椒、湯醬油等全部倒入，以小火煮至泡菜全
   熟為止。
6. 最後倒入蝦醬拌勻調味。

COOKING TIP

**泡菜的味道可以透過
食醋與砂糖來調整**

若泡菜醃得還不夠入味、或太
酸，這時就可以透過調味料來
調整。在醃得還不夠入味的泡
菜中倒入些許食醋可以增加酸
度，在過酸的泡菜中加入砂糖
則能中和酸度。

鹹香五花肉的華麗逆襲

叉燒肉蓋飯
· · · · · · · · · · · · · · · · · ·

白飯 1 碗（200g）、豬五花肉 150g、
洋蔥 1/4 顆、紫蘇葉 2 張、大蔥 10 cm、
蒜頭 3 顆、鹽巴些許、胡椒粉些許
調味醬 陳年醬油 3 大匙、
日式醬油 2 大匙、料酒 1 大匙、
寡糖糖漿 1 大匙、砂糖 1 大匙、水 1/2 杯

前一天晚上（1～3）

1. 將五花肉放入熱好的鍋子中，並撒上鹽巴與胡椒粉，將前後兩面烤至焦黃。
2. 將洋蔥與大蔥切成適當的大小。
3. 將所有的調味醬材料攪拌均勻製作成調味醬。
4. 將調味醬倒入鍋中並以小火煮滾後，把烤好的五花肉、整顆蒜頭、準備好的洋蔥與大蔥放入鍋中並以小火烤至蔬菜全熟為止。
5. 夾出烤熟的五花肉並切成 4cm 左右的大小，將紫蘇葉切碎。
6. 將白飯盛入碗中，舀入滾開的❹調味醬 2 大匙與❺的五花肉、切碎的紫蘇葉後，一起拌著吃。

COOKING TIP

將整塊五花肉製作成叉燒

在料理整塊五花肉時，請一定要將五花肉與適量的洋蔥、大蔥和 6 大匙醬油、4 大匙糖漿、2 大匙料酒、2 杯水一起放入鍋中蒸煮。

日式居酒屋便當菜

牛肉壽司
• • • • • • • • • • • • • •

溫熱的白飯 1 碗（200g）、牛前腰脊肉
150g、洋蔥 1/6 顆、蘿蔔嬰些許、
照燒醬 3 大匙、芥末 1 大匙
醃肉醬 鹽巴些許、胡椒粉些許
壽司醋 食醋 1 大匙、砂糖 1/2 大匙、
鹽巴 1 小匙

前一天晚上（1～2）

1. 將前脊腰肉切成兩根手指的厚度，並撒上鹽巴與胡椒粉醃漬。洋蔥切成細絲狀後，浸泡到冷水中 10 分鐘去除辛辣味。

2. 將壽司醋的材料攪拌均勻，並放入微波爐中加熱 30 秒左右。

3. 將壽司醋倒入溫熱的白飯中拌勻。

4. 將前腰脊肉放入熱好的鍋子中並以中火烤熟。

5. 手沾水將❸的醋飯抓捏成比烤牛肉稍小的橢圓團狀，並把芥末與烤好的牛肉擺放在醋飯上。

6. 利用刷子在牛肉上刷上照燒醬，最後利用洋蔥絲與蘿蔔嬰裝飾。

COOKING TIP

**搭配酸辣泡菜創造出
新風味**

可以使用酸辣泡菜代替洋蔥絲與蘿蔔嬰，創造出另一番滋味。將酸辣泡菜清洗後切成長條狀疊在牛肉壽司上一起送入口中，那滋味堪稱一級棒。

星期一
Monday

毛豆愛心飯 ●○

牛肉韭菜卷
芥末沾醬
○●○○

地瓜沙拉 ○
涼拌菠菜 ○
韓式煎豆腐 ○

忙碌的星期一～
將營養滿分的肉卷一口放入嘴中！

今日的便當	第一盒	毛豆愛心飯
	第二盒	牛肉韭菜卷＋芥末沾醬
	第三盒	地瓜沙拉＋涼拌菠菜＋韓式煎豆腐

星期一對任何人來說都是忙碌的一天吧。週末的後遺症、新的一天開始的緊張感通通襲捲而來。這時最需要的就是元氣、元氣、元氣了！因此在白色米飯上利用青綠色毛豆拼出了愛心，還準備了不僅蛋白質豐富、各種維生素也兼具的牛肉卷。牛肉與韭菜都是具有清熱性能的食材，會為身體帶來活力的。

牛肉卷無論是搭配帶有獨特嗆辣辛味的芥末醬一起吃、或者沾著濃郁的花生醬都很美味，是家家戶戶的人氣菜單之一。配菜準備的是無論何時吃起來都不會感到絲毫負擔的涼拌菠菜與韓式煎豆腐，清爽的地瓜沙拉也一起裝進便當盒中了。

TIP 包裝成一盒的便當
重點在於將牛肉卷立起
排入便當盒中。

星期二
Tuesday

飯糰 ○○

醬燒牛排
○○○○○

韓式煎豆腐 ○
蒸蛋 ○○
涼拌菠菜 ○

以飯糰轉換心情
以醬燒牛排激發食慾

今日的便當　　　第一盒　**飯糰**
　　　　　　　　　　第二盒　**醬燒牛排**
　　　　　　　　　　第三盒　**韓式煎豆腐＋蒸蛋＋涼拌菠菜**

醬燒牛排是一道經常被用來當作便當主菜的家常菜。甜甜的醬
汁與白飯搭起來十分合適。將甜椒或洋蔥等蔬菜切成塊狀加入
醬燒牛排中，不僅僅是牛肉中的蛋白質，連蔬菜中對身體有益
的維生素也同時可以攝取到。蛋白質對於提升免疫力很有效
益，因此建議在容易食慾不振的換季時期更是不容忽略。

今天我們將要將米飯抓捏成圓圓的飯糰，不僅米飯的外型改變
了，將飯糰裝在便當盒中讓人有種好似要到戶外去野餐的愉悅
感。以紅色、黃色與綠色做為主色的三種配菜，煎豆腐、蒸
蛋、涼拌菠菜相互搭配起來也是非常賞心悅目。

TIP 包裝成一盒的便當
美生菜是個很適合用來作為間隔的工
具。若使用它來包覆炒牛肉的話也可
以避免與其他配菜混在一起。

星期三
Wednesday

花型煎蛋飯 ○○

五花肉泡菜湯 ○

蒸蛋 ○○
韭菜煎餅 ○○

一週的中繼站
到了以香辣爽口的熱湯補充營養的時候了

今日的便當　　　　第一盒　花型煎蛋飯
　　　　　　　　　第二盒　五花肉泡菜湯
　　　　　　　　　第三盒　蒸蛋＋韭菜煎餅

將泡菜湯裝入便當盒裡？雖然說是便當菜單，但湯品不該被限制作為便當菜的菜色。無論是呼嚕嚕的麵類料理、或是熱騰騰的湯品料理，總之只要是想吃的料理就應該挑戰一下，對吧。只要將便當盒更換成可以裝入湯品的類型就沒問題了。

加入了五花肉的泡菜湯，堪稱是即便沒有其他菜餚也能獨當一面的上盛料理。下雨的日子、氣溫驟降的日子，煮一鍋加入酸辣泡菜與五花肉的熱呼呼湯品，無疑就是補藥阿！推薦在一星期的期中，需要補充營養的星期三準備這道菜品。搭配香噴噴的韭菜煎餅與柔軟的蒸蛋一起食用，可以中和掉泡菜的辣味喔。在米飯上擺上一顆花形的煎蛋，笑容都盛開了。

TIP 包裝成一盒的便當
能依據所需變換間隔的便當盒很適合
用來擺裝各色各樣的配菜。

星期四
Thursday

叉燒肉蓋飯 ○○○

韭菜煎餅 ○○
辣椒醬炒小魚乾 ○
黃金蜜柚 ○

只要手邊有調味醬料
叉燒肉在 30 分鐘內也 OK

今日的便當	第一盒　叉燒肉蓋飯
	第二盒　韭菜煎餅＋辣椒醬炒小魚乾＋黃金蜜柚

在一個禮拜之中安排了兩次五花肉。一次是在熱騰騰的烤盤上炙燒，而另一天就做成湯品、或淋上調味料的菜色吧。將一整塊五花肉蒸熟、淋上醬汁製做成彷彿是燒肉的叉燒，是許多人家中的第一名菜單。豬肉搭上富有鈣質、葉酸與維生素的紫蘇葉，只要一碗蓋飯營養也是滿分。

在忙碌的早晨，若能以已經切成適當大小的肉片代替整塊肉進行料理，則時間也會跟著縮減一大半。如果將紫蘇葉切碎、擺放在上方，更能顯露出叉燒魂了。搭配的辣椒醬炒小魚乾與韭菜煎餅讓整個便當吃起來更加爽口。

TIP 包裝成一盒的便當

將白飯斜放盛入便當盒中、擺上叉燒肉後，剩下的空間就可以用來盛裝配菜了。甜點請利用烘焙紙區隔開來。

星期五
Friday

牛肉壽司 ◯◯◯

辣椒醬炒小魚乾 ◯
地瓜沙拉 ◯
黃金蜜柚 ◯

享受工作的
放鬆壽司時光

今日的便當	第一盒＋第二盒　牛肉壽司
	第三盒　辣椒醬炒小魚乾＋地瓜沙拉＋黃金蜜柚

這是一款就算不喜歡生食的人也無法抵抗的美味壽司。烤得香氣四溢的牛前腰脊肉與山葵搭配的組合凡人都無法擋。若愛上這個味道，平常烤牛肉的時候，也可以將山葵加入醬油中製作成燒肉調醬。

牛肉壽司做起來簡單、料理時間也不太費時，不僅適合作為便當菜，拿來招待客人也很合宜。雖然平常是利用洋蔥與蘿蔔嬰當裝飾，但若在特別的日子中亦可以換成其他裝飾性較高的食材，如此新的一道料理又這麼誕生了。一起將辣椒醬炒小魚乾、地瓜沙拉與作為甜點的水果裝入便當盒中吧。

TIP 包裝成一盒的便當

將壽司立起擺入便當中，再以生菜做出格層後放入配菜與水果。

2+WEEK

能量便當
雞肉

從夏日起始的初伏、正式進入夏天的中伏、到夏日尾端的末伏，
雞肉是在令人精神不濟的夏日中不可或缺的補品，但豈止是夏天的補品而已？
雞肉可以說是整年內人氣最高的減肥食材阿！
那麼，我們一起來分享利用雞肉製作的能量便當吧。

星期一	米飯＋韓式辣雞翅＋涼拌青江菜＋南瓜沙拉＋醋醃蘿蔔
星期二	雞胸肉火腿腸壽司＋醋拌蒟蒻＋涼拌青江菜＋涼拌辣蘿蔔絲＋柳橙
星期三	荷包蛋飯＋韓式甜辣炸雞＋炒馬鈴薯絲＋柳橙＋蒜炒鮮蝦
星期四	愛心飯＋辣燉雞＋南瓜沙拉＋炒馬鈴薯絲
星期五	鷹嘴豆飯＋韓式醬烤雞腿＋醋醃蘿蔔＋蒜炒鮮蝦＋涼拌辣蘿蔔絲

採買

本週的核心材料是雞肉。雞肉價格低廉、又可以按部位選購，採買起來相當方便、運用起來的靈活度也高。不僅僅是雞腿肉、雞胸肉，也試著活用火腿腸等加工食品入菜吧。

Shopping List

核心食材：去骨雞腿肉 350g、雞翅 140g、雞里肌肉 70g、雞胸肉火腿腸 2 根、雞蛋 3 顆

蔬菜與水果：青江菜 200g、南瓜 1 顆、馬鈴薯 2 顆、番茄 1 顆、白蘿蔔 1 根、紅蘿蔔 1 根、小黃瓜 1 根、洋蔥 1 顆、紅色甜椒 1 顆、黃色甜椒 1 顆、青陽辣椒 1 根、柳橙 1 顆、蒜頭 15 顆

其他：蝦仁（小）40g、蒟蒻 60g、壽司用海苔 1 張、堅果類適量、咖哩粉適量、太白粉適量、炸雞粉適量

醬料：蠔油、蜂蜜、美乃滋、青梅汁、雞湯粉、壓碎的乾辣椒粒、番茄醬、香蒜辣椒、原味優格、醃漬香料

整理

韓式醬烤雞腿

雞胸肉火腿腸壽司

韓式甜辣炸雞

辣燉雞

南瓜沙拉

涼拌青江菜

韓式辣雞翅

炒馬鈴薯絲

涼拌辣蘿蔔絲　醋醃蘿蔔

蒜炒鮮蝦

將各種部位的雞肉醃好，蔬菜切成適當的大小與形狀。在利用火腿腸或培根等加工食品時，請務必要先放入滾燙的熱水中，汆燙一次後再行使用，如此才能有效降低卡路里與重鹹的口感。

How to List

〔配菜食材整理〕

1　將南瓜放入微波爐微波，青江菜先清洗乾淨。

2　甜椒與青椒、馬鈴薯切成寬幅 0.5cm 的絲狀。

3　使用菜刀將涼拌用蘿蔔切成絲狀，醋醃蘿蔔以波浪刀切成寬幅 1.5cm 左右的條狀。

4　將冷凍蝦浸泡在水中解凍，蒜頭切成蒜片。

〔主菜食材整理〕

1　將雞翅、雞腿肉、雞里肌肉浸泡在牛奶與胡椒粒中，再以清水清洗乾淨，蓋上餐巾紙吸除水分。

2　醃漬肉腥味已經去除的雞肉。

3　將火腿腸放入滾燙的熱水中汆燙 3 分鐘左右，燉湯用蔬菜切成四邊 1.5cm 左右的塊狀。

45

製作能量便當的配菜 2人份

能量週的配菜是各式各樣的蔬菜。以燉煮、熱炒或沙拉的方式來料理青江菜、白蘿蔔、蒜頭、馬鈴薯、南瓜等蔬菜食材。口感清爽的各類蔬菜與雞肉料理最搭了。

涼拌辣蘿蔔絲

蒜炒鮮蝦

南瓜沙拉

炒馬鈴薯絲

醋醃蘿蔔

涼拌青江菜

彩色配菜6道

涼拌青江菜
• • • • • • • • • • • • • • • •

青江菜 200g、韓式味噌醬 1/2 大匙、
蒜頭 1/2 大匙、粗鹽 1/2 大匙、香油 1 小匙

1. 先將青江菜的末端切除後清洗乾淨。
2. 將粗鹽倒入滾燙的熱水中，從青江菜的莖部
   開始依序放入熱水中汆燙 30 秒左右。
3. 將汆燙過的青江菜放入冷水中浸泡後，把青
   江菜放入網篩中，用力壓擠擰乾水份。
4. 將韓式味噌醬、蒜頭、香油放入❸中拌勻。

COOKING TIP

將青江菜拌入調味料中時很容易生出
水份，建議準備便當的當天早上再拌
入調味醬。

COOKING TIP

若先以鹽巴醃漬蘿蔔的話，蘿蔔的清
甜會跟著水分一起消失，整體味道就
不會那麼好了。因此這裡鹽巴只用在
調味上。

涼拌辣蘿蔔絲
• • • • • • • • • • • • • • • •

白蘿蔔 1/6 顆（200g）、辣椒粉 1 大匙、
魚露 1/2 大匙、砂糖 1/2 大匙、食醋 1/2 大匙、
蒜末 1 小匙、芝麻些許、鹽巴 1 小撮

1. 將蘿蔔洗淨，使用菜刀切成細條狀。
2. 將辣椒粉撒在蘿蔔絲上，抓捏均勻。
3. 將魚露、砂糖、食醋、蒜末放進❷中拌勻。
4. 若味道太淡的話可加入鹽巴調味，最後撒上
   芝麻粒。

蒜炒鮮蝦

. . . .

冷凍蝦仁（小）40g、蒜頭 15 顆、
食用油 1 大匙、蠔油 1 大匙、
寡糖糖漿 1/2 大匙、粗鹽些許

1. 將冷凍蝦放入粗鹽的鹽巴水中浸泡，直到蝦
   子表面的冰溶化為止，再以清水清洗乾淨。
2. 將每顆蒜頭切成 2～3 片的的薄片。
3. 將食用油倒入熱鍋中，放入蒜片，並以中火
   烙乾。
4. 當蒜片變焦脆時，再放入解凍的蝦仁一起拌
   炒。
5. 當蝦子炒至變成紅色時，倒入蠔油與糖漿再
   快炒一會兒。

COOKING TIP

就營養成份來說，蝦子與蒜頭的搭配
相輔相成。以蒜苗代替蒜頭下去拌
炒，美味也不變喔。

炒馬鈴薯絲

. . . .

馬鈴薯 1 顆、紅色甜椒 1/6 顆、
黃色甜椒 1/6 顆、青椒 1/6 顆、
食用油 1 大匙、咖哩粉 1 小匙、粗鹽些許、
鹽巴些許

1. 馬鈴薯去皮、並利用菜刀切成細長狀，也將
   甜椒與青椒切成相同厚度的條狀。
2. 在沸騰的水中倒入些許粗鹽，將馬鈴薯條放
   入煮熟。
3. 將燙熟的馬鈴薯過篩、去除水份。
4. 將食用油倒入熱鍋中，將切成條狀的甜椒與青
   椒一併放入鍋中拌炒。
5. 當甜椒與青椒炒熟後，將煮熟的馬鈴薯與咖
   哩粉、鹽巴放入一起炒。

COOKING TIP

馬鈴薯需先煮過一次再放入鍋中炒，
這樣不僅馬鈴薯的外型不會糊掉，內
心也才會好吃。

南瓜沙拉

南瓜 1 顆、原味優格 2 大匙、蜂蜜 1 大匙、
綜合堅果些許

1. 將南瓜清洗後，將瓜底朝下放入微波爐中微
   波 3 分鐘左右。
2. 將南瓜對半切，利用湯匙將南瓜籽挖出、並
   刨除南瓜外皮後，切成 3cm 左右的塊狀。
3. 將❷的南瓜放入微波爐專用容器並裹上保鮮
   膜，在保鮮膜上戳洞後，微波 5 分鐘左右。
4. 將❸的南瓜放入另一個碗中，利用刀子或湯
   匙將南瓜壓成泥。
5. 將原味優格與蜂蜜、堅果與南瓜拌和一起。

COOKING TIP

若是相同大小的南瓜，那麼選擇較重
的南瓜口感會比較好。

醋醃蘿蔔

白蘿蔔 1/6 根（200g）
調和醋 水 1 杯、砂糖 1/2 杯、食醋 1/2 杯、
醃漬香料 1 大匙

1. 在鍋子中注入鍋子一半高度的水，將玻璃瓶
   反扣放入鍋子中滾煮至沸騰後，讓玻璃瓶呈
   現完全乾燥的狀態。
2. 將白蘿蔔削皮，利用波浪刀以 1.5cm 的寬幅
   切成條狀。
3. 將準備好的調和醋材料倒入鍋子中，以大火
   煮至沸騰。
4. 將❷的蘿蔔放入消毒好的玻璃瓶中，倒入煮
   沸的調和醋，最後關緊瓶蓋。
5. 置放室溫一天後，放入冰箱中冷藏。

COOKING TIP

放入冰箱 3 天後，將調和醋倒出來再
次煮沸放涼後，再倒入玻璃瓶中，可
以延長保存期限喔。

製作能量便當主菜 (1人份)

若說到雞肉，最先浮現在腦海中的絕對是炸雞吧。不過炸雞的卡路里相當高、晚上吃起來頗有負擔感，現在可以憑藉著便當來享受了。從炸雞、燉雞到烤雞，在各式各樣雞肉料理中嚴選出了五道極品菜單。

辣燉雞
前一天晚上 先將番茄清洗乾淨、去皮後切塊，馬鈴薯與洋蔥、紅蘿蔔也切塊。

韓式甜辣炸雞
前一天晚上 先將雞肉醃好、並切成方便一口食用的大小後，裹上炸雞粉備用。

韓式辣雞翅
前一天晚上 先將調料調配好、製做成調味醬。

韓式醬烤雞腿
前一天晚上 先準備好調味醬待其發酵。

雞胸肉火腿腸壽司＋醋拌蒟蒻
前一天晚上 先將海苔切成所需的大小、以小火煎好雞蛋。

一週的 5 道主菜

首屈一指的菜單
韓式辣雞翅
‧‧‧‧‧‧‧‧‧‧‧‧‧‧‧‧‧‧‧

雞翅 140g、太白粉 2 大匙、炸雞粉 1 大匙、
胡椒粒 2 小匙、香蒜辣椒些許、
壓碎的乾辣椒粒些許
雞肉醃醬 清酒 1/2 大匙、鹽巴些許、胡椒粉些許
燉醬 醬油 2 大匙、糖漿 1 大匙、寡糖糖漿 1 大
匙、食醋各 1/2 大匙、水 1/2 大匙、蒜末 1 大匙

 ▶

 ▶  ▶

前一天晚上（1～3）

1. 將雞翅浸泡在牛奶與胡椒粒中 30 分鐘左右並清洗
   乾淨後，蓋上餐巾紙吸除水份。
2. 用清酒、鹽巴、胡椒粉醃漬❶的雞翅 30 分鐘以
   上。
3. 將燉醬材料攪拌均勻製作成醬料。
4. 將❷的雞翅與太白粉、炸雞粉一起放入乾淨的食物
   保鮮袋中搖晃，讓雞翅裹附麵衣。
5. 在鍋中倒入油、並放入已裹附麵衣的雞翅，以中火
   將雞翅炸至金黃酥脆後，過篩瀝掉多餘的油份。
6. 熱好另一個鍋子，放入❸的調醬與炸好的雞翅、香
   辣椒、壓碎的乾辣椒粒等煨煮至湯汁收乾為止。

─────── COOKING TIP

**冷凍的雞翅需要先解凍後
才行使用**

冰在冷凍庫的雞翅，需先在前
一天取出來放入冷藏解凍後，
再清洗使用。解凍後再加入醃
料醃漬才不會有腥味出現。

清淡爽口 VS 酸酸辣辣

雞胸肉火腿腸壽司
& 醋拌蒟蒻

白飯 1 碗（200g）、雞胸肉火腿腸 2 根（120g）、
雞蛋 2 顆、壽司用海苔 1 張、食用油些許
白飯調味料 香油 1 小匙、鹽巴些許
酸拌蒟蒻 蒟蒻 60g、紅蘿蔔 1/6 根、洋蔥 1/6 顆、
小黃瓜 1/6 根、辣椒醬 1 大匙、食醋 1 大匙、
砂糖 1 大匙、芝麻些許、食醋 1 大匙

前一天晚上（1~2）

1. 將雞胸肉火腿腸放入滾水中，汆燙 3 分鐘洗掉油份。
2. 將雞蛋攪拌均勻打成蛋液，在熱好的鍋子中倒入食用油、再倒入蛋液並以小火煎出大約壽司用海苔 1/2 大小的蛋皮備用。
3. 將香油與鹽巴倒入白飯中攪拌均勻。
4. 將調好味道的白飯，薄薄鋪滿海苔 2/3 張的位置。
5. 依序在醋飯上鋪放蛋皮、雞胸肉火腿腸後，卷成直徑約 1cm 左右的飯卷。
6. 在滾水中倒入 1 大匙的食醋，放入蒟蒻汆燙 2 分鐘左右，將蒟蒻撈出放入冷水中冰鎮後瀝除水份。把紅蘿蔔、洋蔥與小黃瓜切成絲狀。
7. 將切好的蔬菜放碗中，與其他涼拌材料一起拌勻。

COOKING TIP

可以依據個人的喜好嘗試更多樣化的調味醬！

若喜歡微辣口感，那麼請在飯的醬料中加入剁碎的青陽辣椒。若喜歡大辣，那麼只要調整青陽辣椒的用量就行了。

炸雞不可或缺的夥伴

韓式甜辣炸雞

去骨雞腿肉 150g、雞蛋 1/2 顆、冷水 4 大匙、
炸雞粉 3 大匙、太白粉 2 大匙、咖哩粉 1/2 大匙、
胡椒粒 2 小匙、牛奶 2 大匙、食用油 2 大匙
雞肉醃料 清酒 1/2 大匙、鹽巴些許、胡椒粉些許
炸雞沾醬 糖漿 6 大匙、辣椒醬 2 大匙、
水 2 大匙、蒜末 1 大匙、砂糖 1/2 大匙

 ▶  ▶  ▶

前一天晚上（1～3）

1. 將雞腿肉放入牛奶、胡椒粒中浸泡一會，以清水將雞腿肉洗淨並除去水份後，以清酒、鹽巴、胡椒粉醃漬 20 分鐘左右。
2. 將醃好的雞腿肉切成方便一口食用的大小。
3. 將雞蛋與冷水、炸雞粉、太白粉、咖哩粉倒入碗中攪拌均勻後，放入❷的雞胸肉拌勻。
4. 食用油倒入鍋子中並加熱，丟入一小塊麵糰，若面糰稍微浮起來的話，放入裹好麵衣的雞腿肉下去炸，炸熟後撈起雞塊放涼、再炸一次。
5. 將沾醬材料放入另一鍋子中煮滾後，放入炸好的雞腿肉煨煮至醬汁收乾。

COOKING TIP

若喜歡較清淡的口味，則可以換成醬油沾醬

比起辣味，若更喜歡清爽一點的口感，那麼請利用 6 大匙的糖漿、醬油 5 大匙、蒜末 1 大匙、水 1 大匙製作成醬料。將醬料煮滾後，再放入雞腿肉煨至醬汁收乾即可。

西洋風味的燉雞湯
辣燉雞
. . . .

雞里肌肉 70g、番茄 1 顆、馬鈴薯 1/4 顆、洋蔥 1/6 顆、
紅蘿蔔 1/6 根、香蒜辣椒 3 個、雞湯塊 1/6 塊、
橄欖油 1 大匙、牛奶 1/2 大匙、帕瑪森起司 1/2 大匙、
蒜末 1 小匙、義式番茄醬 2/3 杯、水 1/3 杯
雞肉醃醬 清酒 1/2 小匙、鹽巴 1 小撮、
胡椒粉 1 小撮、牛奶 1/2 杯（去腥味用）

前一天晚上（1～3）

1. 將雞里肌肉浸泡在牛奶中 30 分鐘左右後以清水洗淨、瀝除水份後，撒上清酒、鹽巴、胡椒粉醃漬至少 30 分鐘。
2. 將馬鈴薯、洋蔥與紅蘿蔔切成 1.5cm 左右的塊狀。
3. 在番茄的上方畫出一個十字形後，放入滾燙的熱水中汆燙約 20 秒，剝除番茄的外皮並切成八等份。
4. 將橄欖油倒入熱鍋中，以小火將香蒜辣椒與蒜末爆香後，放入雞里肌肉烤。當雞里肌肉表面熟了之後，切成方便一口食用的大小。
5. 放入❷的蔬菜和水，蓋上鍋蓋以小火滾煮。
6. 當蔬菜半熟時，放入切好的番茄，並利用湯匙將番茄壓碎。
7. 放入雞湯塊、1/2 大匙的義式番茄醬與牛奶，避免食材糊在一起，以小火持續滾煮 10 分鐘左右後加入帕瑪森起司拌勻。

COOKING TIP

雞湯塊依據不同的料理方法、用量也會有所差異

不同的料理方法所需用到的分量皆不同。用在製作基本高湯時，以水和雞湯塊 500ml 與一塊雞湯塊的比例最為洽當。

清淡中又帶有辣勁的烤雞肉

韓式醬烤雞腿
‧‧‧‧‧‧‧‧‧‧‧‧‧‧‧‧‧‧‧‧‧

無骨雞腿肉 200g、食用油 2 大匙、牛奶 2 杯
雞肉醃醬 清酒 1/2 大匙、鹽巴些許、
胡椒粒些許
調味醬 辣椒醬 2 大匙、醬油 1 大匙、
糖漿 1 大匙、青梅汁 1 大匙、蒜末 1 大匙、
料酒 1/2 大匙

 ▶  ▶  ▶

前一天晚上（1～2）

1. 將雞腿肉浸泡在牛奶中 30 分鐘並以清水洗淨、瀝除水份後，撒上清酒、鹽巴與胡椒粒醃漬最少 30 分鐘以上。
2. 將所有的調味醬材料攪拌均勻製作成調味醬。
3. 將食用油倒入熱好的鍋子中，放入醃好的雞腿肉從表面開始烤。
4. 當雞腿肉表面變得金黃焦香，使用餐巾紙將鍋子表面擦拭一下，使用料理刷沾上調味醬，刷抹在雞腿肉上並以中小火烤，避免烤焦。

COOKING TIP

前一天先放入調味醬中醃漬後再烤

若希望調味醬的味道更入味，那麼可以在前一天晚上將雞腿肉放入醬料中醃漬，到了當日早上再取出來烤用。反之，若喜歡較清淡的口味，那麼在烤雞腿肉時再將醬料抹上，放入 200℃ 的烤箱中烤 15 分鐘左右即可。

星期一
Monday

米飯 ○○

韓式辣雞翅 ○○

涼拌青江菜 ○
南瓜沙拉 ○
醋醃蘿蔔 ○

疲勞～解除！
炸雞與醃漬小菜的組合

今日的便當   第一盒   米飯

                      第二盒   韓式辣雞翅

                      第三盒   涼拌青江菜＋南瓜沙拉＋醋醃蘿蔔

利用星期天中午來臨前的時光擬出一整週的便當菜色吧。最需費心思的當然是一星期中最容易感到疲勞的星期一便當了。就將這一天的主菜決定為韓式辣雞翅吧，微鹹的醬油醬汁與白飯最對味了。

將辣雞翅立起排成一列，以綠蔥或紫蘇葉等裝飾，青綠色的蔬菜很是醒目。雞肉料理中不可缺少的酸酸甜甜醋醃蘿蔔透過波浪刀呈現出華麗感，與清淡爽口的南瓜沙拉放在一起更能刺激味蕾。

TIP 包裝成一盒的便當

將今日的主角雞翅擺放在中間，
再依序裝入白飯與配菜。

星期二
Tuesday

雞胸肉火腿腸壽司 ◯◯◯
醋拌蒟蒻 ◯◯

涼拌青江菜 ◯
涼拌辣蘿蔔絲 ◯
柳橙 ◯

透過簡單的壽司
減肥也做到了、口慾也滿足了

今日的便當   **第一盒   雞胸肉火腿腸壽司＋醋拌蒟蒻**
                         第二盒   涼拌青江菜＋涼拌辣蘿蔔絲＋柳橙

近來以雞胸肉製成的加工食品很是受大眾歡迎。超市中雞肉漢堡排、火腿腸、雞排等等琳瑯滿目。那麼，我們就來利用之中的雞胸肉火腿腸製作壽司吧。若平時喜愛吃壽司，卻又因為熱量的考量而忍耐著的話，雞胸肉火腿腸壽司就是最佳選擇了。

蛋皮卷入口感清淡的雞胸肉，一點兒也不會有負擔。雞肉的蛋白質含量很高，因此吃多了口感會略顯乾澀，此時最適合選擇充滿纖維質的蔬菜作為配菜了。酸爽的柳橙是飯後的甜點。

TIP 包裝成一盒的便當

將壽司斜放擺入便當盒中，並在壽司兩邊放入配菜。調料味道較重的辣蘿蔔絲以生菜裹附後放在邊邊一側。

星期三
Wednesday

荷包蛋飯 ○○○

韓式甜辣炸雞 ○○○

炒馬鈴薯絲 ○○○○
柳橙 ○
蒜炒鮮蝦 ○

幫身體補充元氣的
甜辣炸雞時光

今日的便當	第一盒　荷包蛋飯
	第二盒　韓式甜辣炸雞
	第三盒　炒馬鈴薯絲＋柳橙＋蒜炒鮮蝦

若要在雞肉的所有部位中挑選出最好吃的部位，肯定是會毫不猶豫地選擇雞腿肉了。咬上一口，帶有嚼勁的肉質與豐富的肉汁在口中融合，這滋味實在無法用言語形容阿。

製作無骨炸雞時，也請活用去骨的雞腿肉。為了避免讓炸雞醬料溢出來，預先在便當盒容器中鋪放綠色葉菜後再擺上醬料炸雞。擺入綠色葉菜也能增添便當的整體美感、刺激食欲。當主菜的顏色較深時，配菜請選擇較淡的色調。

TIP 包裝成一盒的便當
活用生菜作為便當間隔，區分出白飯與配菜。
在白飯上放上荷包蛋，提高主食的美感。

星期四
Thursday

愛心飯 ○○

辣燉雞 ○○

南瓜沙拉 ○
炒馬鈴薯絲 ○○○○

趕走壓力的
熱呼呼異國料理

今日的便當	第一盒	愛心飯
	第二盒	辣燉雞
	第三盒	南瓜沙拉＋炒馬鈴薯絲

今天準備以雞里脊肉製成，又被稱作西式辣炒雞湯的辣燉雞。
利用義式番茄醬與雞高湯熬製而成的醬汁如同一鍋熱湯，任何
人看到它保證完全沒有抵抗力。早上經常時間不夠用的我，很
常藉著辣燉雞來代替熱騰騰的雞湯。

無論是搭配白飯或麵包都沒有違和感，熱呼呼又酸酸辣辣的口
感也很推薦用來作為隨時隨地都可以享用的露營菜色。選擇南
瓜沙拉和炒馬鈴薯絲作為配菜，透過紅色、黃色與白色增添視
覺上的吸睛度。看到色彩繽紛的便當，肚子都開始叫起來了。

TIP 包裝成一盒的便當

在盛裝湯水料理時，最好在便當盒上
方蓋上兩層食物保鮮袋封住，再蓋上
便當蓋避免溢出。

星期五
Friday

鷹嘴豆飯 ◐◯

韓式醬烤雞腿 ◐◐◯

醋醃蘿蔔 ◐
蒜炒鮮蝦 ◐
涼拌辣蘿蔔絲 ◯

歡樂星期五
讓精神嗨起來的香辣烤物

今日的便當	第一盒　鷹嘴豆飯
	第二盒　韓式醬烤雞腿
	第三盒　醋醃蘿蔔＋蒜炒鮮蝦＋涼拌辣蘿蔔絲

接著要來介紹以多汁有嚼勁的雞腿肉，製作而成的醬烤雞腿。使用醬油醬料固然不錯，但是來到帶著興奮心情迎接歡樂星期五的這天，辣辣甜甜的醬料最對味吧。搭配爽口清脆的醋醃蘿蔔，完美！

將紅色醬料烤物放入便當盒時，請善加利用紫蘇葉，將紫蘇葉鋪放在便當底層、再擺入肉類，便當的整體彩度也提升了。將外型可愛的鷹嘴豆放在白飯上，色香味俱全。利用豆子傳達訊息是很棒的主意喔。

TIP 包裝成一盒的便當

將醬烤雞腿放在便當盒的中間，並利用紫蘇葉做間隔，依序盛入主食與配菜。

3+WEEK

維他命便當
蔬菜

在容易患上感冒的春、秋轉換時期，
便當的菜色當然也得跟著轉換了。
現在將要介紹守護我們身體元氣、提升免疫力的維他命便當。
盡可能地避開肉類，以含有大量維生素的蔬菜為中心擬定食譜吧。
除了茄子、蘿蔔葉乾與水芹菜之外，將各種蔬菜作為維他命便當的主角。

星期一　醜醜飯糰＋烤茄子卷＋涼拌綠豆涼粉＋涼拌春白菜＋涼拌桔梗
星期二　毛豆飯＋蘿蔔葉味噌湯＋涼拌春白菜＋炒杏鮑菇
星期三　鷹嘴豆飯＋魷魚水芹蔬菜卷＋涼拌山蒜＋韓式豆腐醬＋鳳梨
星期四　山薊菜飯＋涼拌桔梗＋炒杏鮑菇＋涼拌山蒜
星期五　生菜包飯＋韓式豆腐醬＋拌綠豆涼粉＋鳳梨

星期日的午後

採買

來到了維他命便當週，連記帳本也跟著變輕了。因為這一週不需要採買昂貴的肉類、或特別的食材，隨手可得的蔬菜占了大部份。請多加活用當季蔬菜與山蒜菜、蘿蔔葉乾等曬乾的蔬菜類。

Shopping List

核心食材：茄子 2 根、冷凍蘿蔔葉乾 50g、水芹菜 1/2 把、山薊菜乾 15g、美生菜 8 張

蔬菜與水果：春白菜 1/4 顆、桔梗 150g、迷你杏鮑菇 120g、山蒜 100g、紅色甜椒 2 顆、黃色甜椒 2 顆、青陽辣椒 2 根、紅辣椒 2 根、洋蔥 1 顆、青椒 1/2 顆、鳳梨 200g

其他：豬絞肉 40g、魷魚 1 隻、綠豆涼粉 150g、豆腐 1/4 塊（70g）、雞蛋 1 顆、昆布 5x5cm 2 張、沙丁魚 4 尾、調味紫菜 2 張、莫札雷拉起司適量、紫蘇粉適量

醬料：蠔油、白紫蘇油、韓式味噌、青梅汁、銀魚魚露、韓國包飯醬、釀造醬油、糖醋辣椒醬、義式番茄醬

68

整理

炒迷你杏鮑菇

涼拌桔梗

魷魚水芹蔬菜卷

韓式豆腐醬

涼拌山蒜

蘿蔔葉味噌湯

生菜包飯

涼拌綠豆涼粉

涼拌春白菜

烤茄子卷

這週要整理的大部份是蔬菜。除了辣拌水芹菜魷魚和韓式豆腐醬之外，所有的配菜都是以蔬菜完成的。若下定決心，可以在非常短的時間內結束整理階段。

How to List

〔配菜食材整理〕

1 桔梗以鹽巴搓洗後浸泡水中，將山蒜老掉的葉子摘除、球莖的表皮也去掉。
2 醃漬韓式豆腐醬用的豬絞肉，蔬菜切好備用。
3 綠豆涼粉切成適當的大小後，放入滾燙的熱水中汆燙。
4 涼拌用的春白菜和迷你杏鮑菇切成合適的大小。

〔主菜食材整理〕

1 清理魷魚、並使用鹽巴去除髒物。
2 將冷凍蘿蔔葉乾浸泡在熱水中使其退冰解凍。
3 將山薊菜乾放入水中泡開。
4 將美生菜清洗乾淨並瀝除水份，利用刨刀將茄子刨成長形片狀。

69

製作維他命便當的配菜 2人份

準備了將新鮮時蔬的香氣與多層次口感發揮的淋漓盡致的蔬菜料理。請以清淡的涼拌與熱炒方式來準備維他命便當。在切好的蔬菜中拌入辣椒醬或韓式味噌醬的拌菜、帶有醬汁的豆腐醬等都是不可遺漏的菜品。

涼拌春白菜

韓式豆腐醬

涼拌桔梗

涼拌山蒜

炒迷你杏鮑菇

涼拌綠豆涼粉

彩色配菜 6 道

韓式豆腐醬
• • • • • • • • • • • • • • • •

豆腐 1/4 塊（70g）、豬絞肉 40g、迷你杏鮑菇 20g、
洋蔥 1/6 顆、青陽辣椒 1 根、香油 1 大匙
豬肉醃醬 清酒 1/2 小匙、釀造醬油 1/2 小匙
調味醬料 韓式味噌 2 大匙、辣椒醬 1 小匙、
辣椒粉 1/2 小匙、蒜末 1/2 小匙、糖漿 1/2 小匙
昆布高湯 沙丁魚 2 尾、昆布 5×5cm 1 張、水 2 杯

1. 在鍋子中倒入水，放入沙丁魚與昆布浸泡 10 分鐘左右
   後，開火滾煮，當小泡泡浮出時，調成中火再滾煮 1
   分鐘左右。關火撈出昆布，15 分鐘後再撈出小魚乾。
2. 清除絞肉的血水後，以醃醬抓醃 15 分鐘左右。
3. 豆腐切成四邊 1cm 左右的大小，香菇與洋蔥切成各邊
   0.5cm 左右的大小。將青陽辣椒的蒂頭與籽去除後，
   剁碎。
4. 將香油倒入鍋中，放入❷後以中火將豬肉炒熟，放入
   杏鮑菇與洋蔥一起拌炒。
5. 當洋蔥變透明時，倒入❶的昆布高湯與調味材料以大
   火滾煮。
6. 當醬料咕嚕咕嚕滾開了之後，將切好的豆腐與剁碎的
   青陽辣椒放入，並將火候調成中小火繼續燉煮。

COOKING TIP

若覺得豆腐醬味道太淡，可以加入一
大匙的豆粉，如此香味會更濃郁喔。

涼拌春白菜
• • • • • • • • • • • • • • • •

COOKING TIP

若過度用力抓捏放入醬料中的春白
菜，可能會讓白菜中的菜味跑出來，
請注意。

春白菜 1/4 顆、洋蔥 1/6 顆、辣椒粉 1 大匙、鯷
魚魚露 1 大匙、青梅汁 1 大匙、湯醬油 1/2 大
匙、香油 1/2 大匙、蒜末 1/2 大匙

1. 摘取春白菜較嫩的葉片，放入流動的清水中
   清淨，瀝除水份後切成適當的大小。
2. 洋蔥切成 0.5cm 寬幅的絲狀。
3. 將辣椒粉與鯷魚魚露、青梅汁、湯醬油、蒜
   末放入碗中攪拌均勻製作成調味醬。
4. 將切好的春白菜與洋蔥放入❸中抓捏拌勻。

炒迷你杏鮑菇

迷你杏鮑菇 100g、紅色甜椒 1/6 顆、
黃色甜椒 1/6 顆、蠔油 1 又 1/2 湯匙、
食用油 1 大匙、糖漿 1/2 大匙、
香油 1/2 小匙、胡椒粉些許

1. 將杏鮑菇放在流動的清水下清洗，以較大的
   那一面對半切。
2. 甜椒切成四邊 2cm 左右的大小。
3. 將❶的杏鮑菇放入滾水中氽燙 15 秒鐘左
   右，過篩瀝除水份。
4. 在熱好的鍋中倒入食用油，將切好的甜椒倒
   入鍋中，並以中火快炒。
5. 當甜椒炒 1 分鐘左右時，放入❸的杏鮑菇與
   蠔油、糖漿、香油、辣椒粉並以中火再拌炒
   1 分鐘左右。

COOKING TIP

菇類要先氽燙後再快炒，才不至於讓
水份大量流失，口感也才更好。

涼拌綠豆涼粉

綠豆涼粉 1/2 塊（150g）、雞蛋 1 顆、
調味海苔 2 張
醬料 釀造醬油 1/2 大匙、香油 1 小匙、
蒜末與砂糖各 1/2 小匙

1. 將涼粉切成細長條狀，並放入滾燙的熱水中
   氽燙至變成透明狀為止，將燙好的涼粉撈
   出、過篩瀝除水份後放涼備用。
2. 將雞蛋的蛋白與蛋黃打勻成蛋液後煎成蛋
   皮，再切成 0.5cm 寬幅的條狀。
3. 將調味海苔放入食物用保鮮袋中捏碎。
4. 將氽燙好的綠豆涼粉、蛋皮、海苔等放入碗
   中，再倒入釀造醬油、蒜末、砂糖與香油攪
   拌均勻。

COOKING TIP

綠豆涼粉需先放入熱水中氽燙，口感
才會滑嫩、彈牙。

涼拌桔梗

桔梗 1 又 1/2 把（150g）、粗鹽 3 大匙、
香油 2 大匙、食用油 1 大匙、水 1 大匙、
湯醬油 1/2 大匙、蒜末 1/2 大匙、鹽巴些許

1. 將桔梗以縱向與橫向切成方便食用的長度與
   寬度。
2. 以 2 大匙的粗鹽搓洗清理桔梗後，以清水沖
   淨，浸泡在水裡約 1 小時。
3. 在沸騰的滾水中放入 1 大匙的粗鹽、再放入
   ❷的桔梗汆燙 1 分鐘左右，撈起放入冷水中
   冷卻、瀝除水份。
4. 在熱好的鍋子中倒入食用油，並放入蒜末爆
   香。
5. 放入煮熟的桔梗，再倒入水與湯醬油，以小
   火拌炒 3～4 分鐘。
6. 加入些許鹽巴調味，最後倒入香油收尾。

COOKING TIP

以粗鹽塗抹在桔梗上清洗，再浸泡在
水中，才能將桔梗的青澀味去除。

涼拌山蒜

山蒜 2 把（100g）、辣椒醬 1 大匙、
食醋 1 大匙、辣椒粉 1/2 大匙、青梅汁 1/2 大匙

1. 將山蒜黃掉的葉子摘除，利用菜刀將球根的
   外皮切除後，在流動的水中晃動山蒜，一根
   根清洗乾淨。
2. 將山蒜的莖切成 6cm 左右的長度，球根面
   積較大的部份以刀背壓碎做準備。
3. 將辣椒醬、食醋、辣椒粉、青梅汁攪拌均勻
   後，放入❷的山蒜拌在一起。

COOKING TIP

若不喜歡山蒜的辛嗆味，可浸泡在冷
水中 30 分鐘左右後再行使用。

前一天晚上 15 分鐘的事前準備＋當天早上 20 分鐘的料理

製作維他命便當的主菜 1人份

一做好蔬菜料理後立即食用，口感是最好的。倘若能在前一天晚上先進行高湯熬煮、煮熟、汆燙、泡開等過程，那麼剩下的料理過程只要在當日早上著手即可。請利用燒烤、湯類、燴炒、包飯、蔬菜飯等…多樣化的料理方式來製作維他命便當吧。

蘿蔔葉味噌湯
前一天晚上 先將用小魚乾與昆布製成的高湯準備好。冷凍的蘿蔔葉乾也先汆燙、放涼

烤茄子卷
前一天晚上 先將茄子的尾端切除、利用刨刀刨出細長薄片。

魷魚水芹蔬菜卷
前一天晚上 先將魷魚汆燙好、蔬菜整理好。

生菜包飯
前一天晚上 先將生菜的末端切除，紅辣椒的辣椒籽去除。

山薊菜飯
前一天晚上 先汆燙山薊菜、並切成 3cm 左右的長度，製作醬料。

一週的 5 道主菜

義式番茄醬中的茄子是人間美味

烤茄子卷

• • • • • • • • • • • •

茄子 2 根、紅色甜椒 1/2 顆、黃色甜椒 1/2 顆、
青椒 1/2 顆、醬油 1 大匙、紫蘇油 1 大匙
醬汁 義式番茄醬 1/2 杯、莫札瑞拉起司 1/3 杯

前一天晚上（1～3）

1. 甜椒與青椒切成 6×1cm 左右的大小。
2. 將茄子的末端切除，以刨刀縱向刨出細長型的薄片備用。
3. 將醬油與紫蘇油攪拌均勻，均勻塗抹在❷的茄子正反面後，即刻放入鍋中烤。
4. 在烤好的茄子上擺入紅色甜椒與黃色甜椒後捲起來。最好以牙籤固定。
5. 將❹的尾端切平，放入以 180℃ 預熱的烤箱中烤 5 分鐘左右。
6. 將義式番茄醬汁倒入鍋中滾煮至沸騰，莫札瑞拉起司也放入微波爐中微波 20 秒使其融化。
7. 將煮好的義式番茄醬汁倒入便當容器中，再將融化的起司疊上去後，將茄子卷立起放入。

COOKING TIP

若覺得過於清淡，加入巴薩米可醋

若覺得義式番茄醬和莫札瑞拉起司的味道不夠，那麼可以加些巴薩米可醋增添風味。將 2 大匙的橄欖油、巴薩米食醋 1 大匙、寡糖糖漿 1 大匙、檸檬汁 1/2 大匙、蒜末 1/2 大匙攪拌均勻。

熱呼呼、香噴噴的一碗

蘿蔔葉味噌湯

冷凍蘿蔔葉乾 50g、青陽辣椒 1/2 根、
韓式味噌醬 1 大匙、紫蘇粉 1 小匙、
辣椒粉 1/2 小匙、蒜末 1/2 小匙
昆布高湯 沙丁魚 2 尾、昆布 5x5cm 1 張、水 2 杯

前一天晚上（1～3）

1. 將冷凍的蘿蔔葉乾浸泡在熱水中 3 小時以上，使其解凍。

2. 將水倒入鍋中、放入小沙丁魚和昆布煮一陣子後，將火候轉大。當高湯沸騰時，以中火再滾 1 分鐘後關火，先撈出昆布，過 15 分鐘後再撈出沙丁魚。

3. 將❶的蘿蔔葉乾外皮切除、洗淨後，切成 3cm 左右的長度。將青陽辣椒的種籽去除、切成辣椒末。

4. 將蘿蔔葉、味噌、辣椒粉與蒜末放入碗中抓捏拌勻後，靜置約 10 分鐘。

5. 將❷的昆布高湯與和拌入醬料中的蘿蔔葉放入鍋中並以中火煮滾，加入青陽辣椒末與紫蘇粉，再讓湯汁沸騰一次。

COOKING TIP

蘿蔔葉乾泡在熱水中 4 小時左右

將蘿蔔葉乾放入熱水中 4 小時以上待其泡開後，以大火煮 20 分鐘，再以中火煮 40 分鐘左右，之後悶 30 分鐘、放涼 3 小時後才可以使用。

五顏六色挑逗味覺的

魷魚水芹蔬菜卷

魷魚 1 隻、紅色甜椒 1/2 顆、黃色甜椒 1/2 顆、
水芹 1/2 把（30g）、粗鹽 1 大匙
醬料 糖醋辣椒醬 2 大匙

前一天晚上（1～3）

1. 利用刀子將魷魚的軀幹和腳分離後，將軀幹縱向切開、去除軟骨。挖除眼睛與嘴巴並以粗鹽搓揉除去髒物。

2. 將整理好的魷魚放在流動的水中沖洗乾淨後，放入滾燙的熱水中汆燙 1 分半鐘，撈起瀝乾。

3. 將汆燙好的魷魚和甜椒切成 6×1cm 左右的大小。

4. 將水芹放入滾水中汆燙 15 秒，只將莖的部分切成 10 cm 左右的長度。

5. 在燙好的水芹莖上擺入❸的魷魚和紅色甜椒、黃色甜椒後綑綁起來，最後淋上糖醋辣椒醬。

COOKING TIP

在家裡輕鬆做糖醋辣椒醬

若家裡剛好沒有糖醋辣椒醬，那麼請利用辣椒醬、食醋、砂糖攪拌均勻來製作吧。以所有材料 1：1：1 的比例來製作。

拌入醬料中的春天滋味
山薊菜飯
· · · · · · · · · · · · ·

白米 1 杯、山薊菜乾 15g、水 2/3 杯、
煮山薊菜乾的水 2/3 杯
山薊菜醃料 醬油、香油各 1 大匙
調味醬 醬油 2 大匙、辣椒粉 1/2 大匙、
蒜末 1/2 大匙、紅辣椒末 1/2 大匙、
青陽辣椒末 1/2 大匙、香油 1/2 大匙、
砂糖 1 小匙、芝麻些許

前一天晚上（1～4）

1. 將山薊菜乾浸泡在水中最少 6 小時以上使其泡開。
2. 將泡開的山薊菜清洗乾淨後，放入滾水中以中火煮約 1 小時左右。
3. 將煮好的山薊菜放冷，靜置約 4 小時，滾煮山薊菜的水另外保存。
4. 當山薊菜冷卻之後切成 3cm 左右的長度，並以醬油和香油抓醃拌勻。
5. 洗一杯米並放入電鍋中。這時將平常煮飯的水量改成半杯的洗米水與半杯的山薊菜水
6. 將醃好的山薊菜放在❺中，按下煮飯的按鈕。在煮飯的時間調配調味醬。

COOKING TIP

煮好的山薊菜一定要放涼才可以使用

若將煮好的山薊菜馬上放入冷水中冷卻，山薊菜的莖會變老韌、不方便食用。請放置半天讓山薊菜自行冷卻後再行使用。另外保管煮山薊菜的水，在煮飯的時候倒入米中一起煮，能增添米飯的香氣。

生菜與白飯、還有包飯醬
生菜包飯
· · · · · · · · · · · · · · ·

白飯 1 碗（200g）、美生菜 8 葉、紅辣椒些
許、韓式包飯醬 2 大匙
拌飯調料 香油 1/2 大匙、鹽巴些許

前一天晚上（1～3）

1. 美生菜清洗乾淨後瀝乾。
2. 利用剪刀將美生菜下方的 1/3 部份剪掉後，在中央處以縱向剪出約 3cm 左右的開口。
3. 將紅辣椒切成薄片。
4. 將香油和鹽巴放入白飯中拌勻後，抓捏出方便一口食用的飯糰球。
5. 將❷利用剪刀剪出開口的兩邊相互交疊，抓出類似牛角的模樣後，在裡面放入圓球飯糰。
6. 飯糰上擺上韓式包飯醬與紅辣椒片。

COOKING TIP

將生菜水分去除的訣竅

在瀝除包飯生菜的水份時，請善加利用食物保鮮袋。將餐巾紙與生菜一起放入食物保鮮袋晃動，不僅可以將水份吸乾、也不會傷害到生菜的表面。

星期一
Monday

醜醜飯糰 ◉○

烤茄子卷 ◉○ ○

涼拌綠豆涼粉 ◉○○○
涼拌春白菜 ○
涼拌桔梗 ◉

便當充電模式
在嘴中爆發的維他命炸彈

今日的便當　　**第一盒**　**醜醜飯糰**
　　　　　　　　　第二盒　**烤茄子卷**
　　　　　　　　　第三盒　**涼拌綠豆涼粉＋涼拌春白菜＋涼拌桔梗**

今天便當的主角是茄子。烤茄子卷是平常不喜歡吃茄子的人也可以毫不猶豫吞下肚的美味料理。義式番茄醬與帕瑪森起司、甜椒、茄子的組合妙不可言。

烤茄子卷不一定要用來作為主菜，也很推薦將它作為下酒菜。配菜搭配了被稱作為維生素女王的涼拌春白菜。滑嫩口感的涼拌綠豆涼粉與散發淡淡清香味的桔梗也一起準備了。將白飯抓成圓球狀，黏上海苔的醜醜飯糰絕對是便當的焦點。

TIP 包裝成一盒的便當
先將飯糰放入便當盒中，抓住重心後，
再將茄子卷立起擺入裝滿便當盒。

星期二
Tuesday

毛豆飯 ○○

蘿蔔葉味噌湯 ○○

涼拌春白菜 ○
炒杏鮑菇 ○○○

身心舒暢的一天
爽口味噌湯與蔬菜的組合

今日的便當	第一盒　毛豆飯
	第二盒　蘿蔔葉味噌湯
	第三盒　涼拌春白菜、炒杏鮑菇

毛豆飯配上蘿蔔葉味噌湯、涼拌春白菜搭上炒杏鮑菇的組合，
兩兩相互陪襯點綴，更加提升了食物的美味度。曬乾的蘿蔔葉
是韓國人家中非常珍貴的食材，到了冬天，每家廚房通常會放
滿父母親製作的蘿蔔葉乾。

不僅是冬天，到了季節轉換、身體容易感到疲困的時候，家家
就會煮蘿蔔葉味噌湯暖胃。蘿蔔葉和味噌所散發出來的香氣讓
胃也舒服起來了，是一道維生素、礦物質、膳食纖維豐富的人
氣料理。不過，直接將蘿蔔葉煮來吃的話容易導致消化不良，
務必先將外皮削掉再行料理。

TIP 包裝成一盒的便當
將熱湯裝入附有蓋子的
筒狀容器中，在周圍盛
放白飯與配菜。

星期三
Wednesday

鷹嘴豆飯 ◐

魷魚水芹蔬菜卷
糖醋義式番茄醬
◐ ○ ○ ○

涼拌山蒜 ○
韓式豆腐醬 ○
鳳梨 ◐

自然原色的饗宴
維他命綜合禮物套餐

今日的便當　　**第一盒　鷹嘴豆飯**
　　　　　　　　第二盒　魷魚水芹蔬菜卷＋糖醋義式番茄醬
　　　　　　　　第三盒　涼拌山蒜＋韓式豆腐醬＋鳳梨

某天看到新聞得知魷魚在韓國海產消費市場中晉升到了第二名。那麼我們也利用被稱作「國民海產」的魷魚來製作便當吧。利用水芹菜的莖將帶有嚼勁的魷魚與清脆香甜的彩椒緊緊綑綁在一起，一口放入嘴中，立即湧上來的是大自然的原味。

五顏六色的色調用來作為招待客人的菜色也完全不遜色。亦可以利用韭菜或青蔥來代替水芹菜。製作醋醬或者芥末醬沾著一起吃更能突顯風味喔。配菜準備的是帶有些許苦澀味的涼拌山蒜、與香氣四溢的韓式豆腐醬，甜點選擇了鳳梨。

TIP 包裝成一盒的便當

在便當盒的最邊緣處盛入韓式豆腐醬，並將白飯細細長長的鋪在上方。將豆腐醬與白飯拌在一起當成拌飯吃也很不錯。

星期四
Thursday

山薊菜飯 ○○○

涼拌桔梗 ○
炒杏鮑菇 ○○○
涼拌山蒜 ○

連配菜都通通掃光
愈拌愈香的菜飯

今日的便當	第一盒　山薊菜飯
	第二盒　涼拌桔梗＋炒杏鮑菇＋涼拌山蒜

說起山薊菜，最先想到的料理肯定是山薊菜飯了。將醬油醬汁倒入散發著清香味的山薊菜飯中拌著吃，會讓人忍不住多吃幾碗。雖然現今將它當作風味料理享用，但山薊菜飯在年代久遠的高麗時期被當作為充飢的飯菜。

山薊菜中的蛋白質、鈣質、維他命等營養素含量極高，而且卡路里相當低，因此纖維素豐富的山薊菜也很適合用來作為減肥食材。因為準備了醬油調醬與山薊菜飯一起食用，所以配菜選擇了口感較清淡的涼拌桔梗與炒杏鮑菇，另外也增加了與山薊菜飯拌在一起會更好吃的涼拌山蒜。

TIP 包裝成一盒的便當

將山薊菜飯的醬料倒在飯上，
那麼就可以隨時拌著一起吃了。

星期五
Friday

生菜包飯 ○○○

韓式豆腐醬 ○
拌綠豆涼粉 ○○○○
鳳梨 ○

一口一粒生菜包飯
超簡單野餐風便當

今日的便當	第一盒＋第二盒　生菜包飯
	第三盒　鳳梨＋拌綠豆涼粉＋韓式豆腐醬

平常吃肉時，會想要搭配生菜降低肉類的油膩感吧。美生菜的清脆口感比紫酥葉更受大眾喜歡。在生菜中盛入滿滿的白飯，再放上些許包飯醬，就算沒有烤肉，還是很好吃。包了生菜的包飯，即便將飯量減少了，但因為視線上的飽滿感，很適合用來減肥。

生菜的生物鹼成份有助於睡眠，好似減緩疲勞的維他命般，因此算是重要的食材之一。生菜就算不用在包飯上，也很適合用作為配菜、沙拉等等。若選擇韓式豆腐醬作為配菜，則生菜包飯上的包飯醬就可以省略。選擇香甜的鳳梨作為甜點最適合不過了。

TIP 包裝成一盒的便當
將韓式豆腐醬裝入盛裝醬料
的容器中，生菜包飯也一併
放入便當盒中。

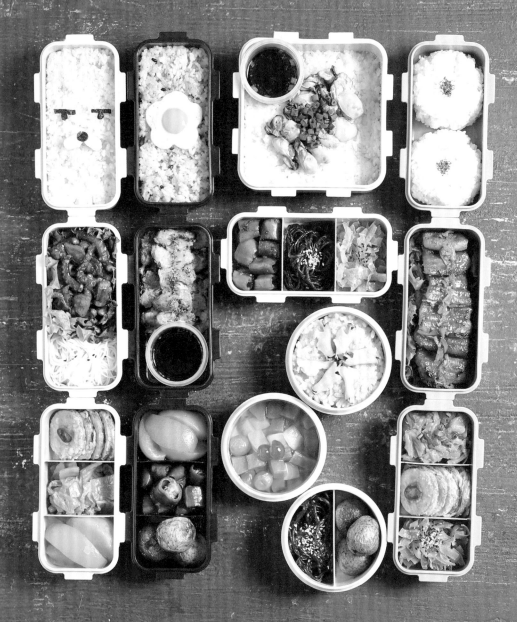

4+WEEK

元氣便當
海鮮

利用高蛋白、低脂肪的海鮮製作而成的聰明便當。
適逢秋冬之際的海鮮，營養豐富。
就讓我們利用不僅能恢復疲勞、還有助於提升體力的
海鮮便當讓一整週的元氣豐沛吧。

星期一　卡通主角飯＋辣炒章魚＋櫛瓜煎餅＋紫蘇油炒酸辣泡菜＋黃桃
星期二　牡蠣飯＋醬燒明太魚乾＋涼拌海藻龍鬚菜＋韓式味噌醬拌辣椒
星期三　飯糰＋烤鰻魚＋紫蘇油炒酸辣泡菜＋櫛瓜煎餅＋醬燒明太魚乾
星期四　鮑魚粥＋醬燉馬鈴薯＋涼拌海藻龍鬚菜＋水果雞尾酒
星期五　花型煎蛋飯＋牡蠣煎餅＋黃桃＋韓式味噌醬拌辣椒＋醬燉馬鈴薯

採買

元氣便當的核心材料是海鮮。海鮮的精髓在於新鮮度，因此採買時格外需要費心。
章魚要挑選吸盤的附著力強而有力的，牡蠣則選擇略顯鮮灰色、身形飽滿的。

Shopping
List

核心食材：章魚 1 隻、牡蠣 200g、處理過的鰻魚 1 尾（200g）、鮑魚（大）3 顆
蔬菜：小馬鈴薯 10 顆、牛角辣椒 5 根、櫛瓜 1 顆、洋蔥 1 顆、紅辣椒 1 根、紅蘿
蔔 1/4 根、大蔥 10cm
其他：酸辣泡菜 200g、鹽漬海藻龍鬚菜 150g、明太魚乾 100g、雞蛋 5 顆、黃桃 1
罐（400g）、什錦水果沙拉 1 罐（240g）、昆布 5×5cm 1 張、沙丁魚 1 尾、煎餅
粉適量、麵粉適量
醬料：紫蘇油、清酒、咖哩粉

整理

醬燉馬鈴薯

醬燒明太魚乾

辣炒章魚

涼拌海藻龍鬚菜

牡蠣飯

牡蠣煎餅

鮑魚粥

紫蘇油炒酸辣泡菜

烤鰻魚

韓式味噌醬拌辣椒

櫛瓜煎餅

本週的整理工作比較費力，海鮮的整理上也特別需要花費時間。即便手續繁瑣，也請利用粗鹽與刷子小心翼翼地將海鮮清洗乾淨。去除腥味的清酒也是不可缺少的品目喔！

How to List

〔配菜食材整理〕
1. 使用牙刷反覆刷洗幾次小馬鈴薯的外皮，將外皮刷洗乾淨。
2. 使用麵粉將明太魚乾清洗乾淨，海藻龍鬚菜浸泡在冷水中。
3. 櫛瓜切成寬度 0.5cm 左右、牛角辣椒切成 1.5cm 左右的薄片。
4. 將酸辣泡菜的醬料洗淨後瀝乾水分。

〔主菜食材整理〕
1. 使用粗鹽將章魚清洗乾淨。
2. 將牡蠣浸泡在加入鹽巴與清酒的水中洗淨。
3. 鮑魚清洗乾淨後，利用湯匙將鮑魚的肉與殼分離。
4. 把鰻魚放在流動的水中清洗後，蓋上餐巾紙吸除水份。

製作元氣便當的配菜 2 人份

利用海鮮當做主菜，一般在口味上會比較清淡，因此為了避免壓住海鮮的鮮味，本週所準備的配菜在口味上也隨之淡爽些。櫛瓜、酸辣泡菜、牛角辣椒、小馬鈴薯等全都是對預防老化與恢復疲勞很有功效的食材。只選用明太魚白肉部份與澱粉拌和後，壓成扁平狀的醬燒明太魚乾與海藻龍鬚菜也都是廣受大眾喜愛的菜品。

醬燉馬鈴薯

醬燒明太魚乾

櫛瓜煎餅

涼拌海藻龍鬚菜

韓式味噌
醬拌辣椒

紫蘇油炒
酸辣泡菜

○○○○○○

彩色配菜 6 道

櫛瓜煎餅

• • • • • • • • • • • • •

櫛瓜 1/2 根、紅辣椒 1 根、雞蛋 2 顆、食用油 3 大匙、
煎餅粉 2 大匙、鹽巴 1 小匙、
鹽巴 1/2 大匙（去除水份用）

1. 將櫛瓜切成厚度 0.5cm 的薄片，紅辣椒斜切。
2. 將切片的櫛瓜鋪放在砧板上，並在櫛瓜上撒上
   1/2 大匙的鹽巴。
3. 靜待 10 分鐘，當撒上鹽巴的櫛瓜上出現水份
   時，使用餐巾紙將水份吸除。
4. 將 2 大匙的煎餅粉與❸的櫛瓜放入食物保鮮袋中
   搖晃，讓煎餅粉依附在櫛瓜上。
5. 將雞蛋打成蛋液，並加入 1 小匙的鹽巴，將沾上
   麵衣的櫛瓜放入蛋液中，使蛋液沾附在櫛瓜上。
6. 將食用油倒入熱好的鍋子中，擺入沾附蛋液的櫛
   瓜，並以中火煎熟。
7. 當櫛瓜的底面煎至出現焦黃色後，放上斜切的紅
   辣椒，過 5 秒鐘後翻面。

COOKING TIP

請務必在櫛瓜上撒上鹽巴、去除水份
後，再放入鍋中煎，如此櫛瓜吃起來
才不會軟爛或在煎時濺油。

COOKING TIP

若在泡菜料理中加入砂糖可以中和掉
泡菜的酸味與鹹味，泡菜味也不會那
麼重了。

紫蘇油炒酸辣泡菜

• • • • • • • • • • • • • • • • • • • •

酸辣泡菜 200g、紫蘇油 2 大匙、蒜末 1/2 大匙、
砂糖 1/2 大匙、芝麻 1/2 大匙

1. 將酸辣泡菜放在流動的清水下，將醃漬醬料
   清洗乾淨，泡菜的水份一定要去除才行。
2. 將漂洗好的泡菜切成 2cm 左右的寬幅，將
   大蔥切碎。
3. 在熱好的鍋子中倒入紫蘇油，放入蔥花與蒜
   末爆香。
4. 將泡菜與砂糖、芝麻放入❸中一起拌炒。

醬燒明太魚乾

明太魚乾 100g、食用油 1 大匙、醬油 1/2 大匙、
砂糖 1/2 大匙、料酒 1 小匙、寡糖糖漿 1 小匙、
香油 1 小匙

1. 將明太魚乾切成方便食用的長度後放入網篩
   中，將明太魚乾上的粉末篩掉。
2. 將明太魚放入熱鍋中，在不加油的狀態下以
   中火乾烤 1 分鐘。
3. 1 分鐘後，倒入食用油繼續以中火炒至魚乾
   呈現淡黃色。
4. 將醬油、砂糖、料酒、寡糖糖漿與香油攪拌
   均勻後倒入另一個鍋子中滾煮。
5. 當醬料沸騰後倒入❸的明太魚乾與醬料一起
   拌炒、收乾。

COOKING TIP

明太魚乾需先放入沒有倒入油的熱鍋
中以小火略為炒過，如此才能將魚乾
的腥臭味除去。

涼拌海藻龍鬚菜

鹽漬海藻龍鬚菜 150g、紅蘿蔔 1/4 根、
辣椒醬 1 大匙、食醋 1 大匙、青梅汁 1 大匙、
辣椒粉 1/2 大匙、蒜末 1 小匙、砂糖些許、
香油些許

1. 將鹽漬海藻龍鬚菜放在冷水下漂洗，將表面
   的鹽份與髒物清洗乾淨。
2. 將整理好的海藻龍鬚菜浸泡在冷水中 30 分
   鐘左右，除去鹹味。
3. 將海藻龍鬚菜放入滾燙的熱水中氽燙 30 秒
   後，在冷水中漂洗後、過篩瀝除水份。
4. 待氽燙好的海藻龍鬚菜涼了之後，切成方便
   食用的長度，紅蘿蔔也切成寬度 0.3cm 左右
   的蘿蔔絲。
5. 將❹的海藻龍鬚菜與紅蘿蔔絲、剩下的食材
   一起放入碗中攪拌均勻。

COOKING TIP

若將海藻龍鬚菜氽燙的太久，海藻上
的黏液就會被破壞、口感也會隨之變
差。稍微氽燙一下即可。

韓式味噌拌辣椒

牛角辣椒 5 根、韓式味噌醬 1/2 大匙、
辣椒醬 1 小匙、青梅汁 1 小匙、蒜末 1 小匙、
香油 1 小匙

1. 將牛角辣椒的蒂頭切除、清洗乾淨後,以寬
   幅 1.5cm 斜切成小段。
2. 將醬油、辣椒醬、青梅汁、蒜末、香油倒入
   碗中攪拌均勻。
3. 將切好的辣椒放入❷中抓捏拌勻。

COOKING TIP

辣椒愈攪拌愈容易出水。因此只要將
材料拌勻即可停手,切忌過度攪拌。

醬燉馬鈴薯

馬鈴薯 10 顆、橄欖油 2 大匙、醬油 2 大匙、
砂糖 1 大匙、料酒 1 大匙、糖漿 1 大匙、
香油 1/2 小匙
昆布高湯 昆布 5×5cm 1 張、沙丁魚 1 隻、
水 2/3 杯

1. 將水與昆布、沙丁魚放入鍋子中浸泡 10 分
   鐘左右後開火。當高湯沸騰之後以中火再滾
   1 分鐘左右後關火,先撈出昆布,15 分鐘後
   再將沙丁魚撈出來。
2. 將馬鈴薯放入碗中、盛滿水,以鐵刷來回幾
   次刷洗馬鈴薯表面上的泥土,直到不再出現
   泥土水為止。
3. 將清洗乾淨的馬鈴薯抹上橄欖油,放入以
   2301C 預熱的烤箱中烤 20 分鐘左右。
4. 將❶的昆布高湯與醬油、砂糖、料酒、糖漿
   與香油放入鍋子中,並以中火燉煮至醬汁收
   乾為止。

COOKING TIP

若沒有烤箱,則將馬鈴薯放入鍋中,
倒入水讓馬鈴薯淹沒後以中火煮 15
分鐘左右,再接著料理。

製作元氣便當主菜 1人份

在料理海鮮時，除去腥味與雜質是最重要的環節。將海鮮放入清酒、鹽水等中清洗，不僅能去除雜質與腥味、還具備消毒的效用。倘若醬料也在前一天晚上預先製作完成，那麼在忙碌的早晨也能從容不迫的準備便當了。

辣炒章魚
前一天晚上 先將清理好的章魚放入滾燙的熱水中汆燙 10 秒鐘左右，放入冰水中冰鎮後，切成 4cm 左右的長度。

牡蠣煎餅
前一天晚上 先將牡蠣清洗乾淨，也預先製作醬料。

牡蠣飯
前一天晚上 先將牡蠣清洗乾淨，米飯也先浸泡在水中。

鮑魚粥
前一天晚上 先將鮑魚清洗乾淨，並將鮑魚肉與內臟分離後，將內臟的外套膜去除。

烤鰻魚
前一天晚上 先在鰻魚上鋪蓋餐巾紙、吸除水份，預先製作醬料。

一週的 5 道主菜

喚醒精神的辣勁
辣炒章魚
· · · · · · · · · · · · · ·

章魚 1 尾、洋蔥 1/6 顆、櫛瓜 1/6 根、大蔥 5cm、
粗鹽 3 大匙、食用油 1 大匙、香油 1 小匙
醬料 辣椒粉 1 大匙、醬油 1 大匙、清酒 1 大匙、
青梅汁 1 大匙、辣椒醬 1/2 大匙、砂糖 1/2 大匙、
蒜末 1 小匙

 ▶ ▶

 ▶  ▶

前一天晚上（1～5）

1. 將章魚放在流動的水注下清洗乾淨，持剪刀插入章魚的頭部間對半剪下、除去內臟後，再除去眼睛。
2. 將整理好的章魚放入碗中，並撒上粗鹽來回搓洗 20 次以上，之後再放入清水中漂洗乾淨。
3. 將章魚放入滾水中汆燙約 10 秒鐘，再放入冰水中冰鎮，切成 4cm 左右的長度。
4. 將洋蔥切成寬度 0.5cm 的洋蔥絲，櫛瓜也以相同寬度切成扇形。把大蔥切成蔥花。
5. 將醬料材料攪拌均勻製作成醬料。
6. 在熱好的鍋子中倒入食用油，放入蔥花爆香 1 分鐘，再放入準備好的洋蔥絲與櫛瓜拌炒。
7. 炒到洋蔥呈現透明後，放入❸的章魚和調味醬並以大火快炒 30 秒左右，讓醬料浸透食材，最後撒上香油收尾。

COOKING TIP

章魚要在大火下快炒，肉質才不會變老

章魚炒得愈久，肉質會變地愈老也容易出水，因此建議在大火中快炒。請先將蔬菜炒熟後，再放入章魚快炒。

清淡卻帶有深度的香氣

牡蠣飯
. . . .

白米 1 杯、牡蠣 80g、鹽巴些許
調味醬 醬油 3 大匙、香油 1 大匙、砂糖 1/2 大匙、
辣椒醬 1/2 大匙、蒜末 1 小匙、蔥花 1 小匙

前一天晚上（1～3）

1. 將 1 杯米放入水中浸泡 30 分鐘左右。
2. 將牡蠣放入鹽水中搖晃清洗乾淨後，過篩瀝除水
   份。
3. 將醬料材料攪拌均勻製作成調味醬。
4. 將泡開的米放入電子鍋中，以米與水 5：4 的比例
   倒入水後，按下煮飯鍵將米煮熟。
5. 當白飯完成後，將❷的牡蠣擺放在白飯上，再按下
   電鍋上的保溫鍵將牡蠣煮熟。
6. 當牡蠣飯完成後，依據個人喜好淋上調味醬享用。

COOKING TIP

**在牡蠣飯中加入白蘿蔔更
美味**

製作牡蠣飯時，加入白蘿蔔會
更好吃。這時的白蘿蔔會出
水，因此煮飯的水量應該比平
常減少些許。請依據所加入的
白蘿蔔量來調整水量。

精力食物的代表性菜色

烤鰻魚
· · · · · · · · · ·

處理過的鰻魚 1 尾（200g）
鰻魚醃料 清酒 3 大匙
辣椒醬調味醬 辣椒醬 2 大匙、醬油 1 大匙、
料酒 1 大匙、寡糖糖漿 1 大匙、蒜末 1 大匙、
辣椒粉 1/2 大匙、砂糖 1/2 大匙

前一天晚上（1～3）

1. 將處理過的鰻魚放在流水下清洗乾淨後，蓋上餐巾紙吸除水份。
2. 在除去水份的鰻魚上撒上清酒，醃漬 10 分鐘。
3. 將調味醬的材料攪拌均勻製作成辣椒醬。
4. 將醃好的鰻魚切成符合平底鍋大小的尺寸後，從鰻魚的背部開始以中火烤。
5. 當鰻魚烤熟後，將❸的醬料塗抹在魚肉上，翻面也塗上醬料，反覆翻面烤 3～4 次。
6. 醬料很容易燒焦，因此請將鰻魚切成方便食用的大小後，以小火慢烤。

COOKING TIP

若喜歡清淡的味道，那麼推薦鹽烤鰻魚

若想要享受鰻魚的原汁原味，那麼建議以鹽烤的方式料理。只要撒上鹽巴與胡椒粉一起烤，搭配著生薑絲一起吃，便能吃出鰻魚的精華所在。

我們家健康的補品

鮑魚粥
· · · · · · · · · ·

白米 1 杯、鮑魚（大）3 隻、料酒 1 大匙、
水 1 大匙（內臟攪拌用）、湯醬油 1 小匙、
香油 1 小匙、鹽巴些許、水 6 杯

前一天晚上（1～4）

1. 將白米浸泡在水中 1 小時以上，泡開後過篩瀝除水份。

2. 利用刷子將鮑魚的表面刷洗乾淨，以湯匙將鮑魚的肉與外殼區分開來。

3. 將鮑魚肉和內臟分開後，將內臟的外套膜部份丟除，剩下的鮑魚肉切成厚度 0.5cm 左右的大小。

4. 將分離出來的內臟放入攪拌機中，再倒入清酒與水各一大匙一起攪拌。

5. 在熱鍋中倒入湯醬油、香油、鮑魚肉並以中火快炒 1 分鐘後，倒入泡開的米並拌炒至米粒呈現透明。

6. 倒入 6 杯水並以大火煮開後，調成中火將米粒煮至爆裂開的狀態。

7. 轉成小火煮至米粒完全裂開後放入絞碎的內臟拌勻，最後以鹽巴調味收尾。

COOKING TIP

鮑魚的內臟占有 70% 營養

料理鮑魚時，請不要將內臟丟掉，而是另外保管，之後用來煮粥。鮑魚的養分 70% 來自內臟。內臟放得愈多味道會愈濃郁、香氣也更加四溢。

是可以作為配菜、也可以當作下酒菜的多功能菜餚

牡蠣煎餅

. . . .

牡蠣 120g、雞蛋 3 顆、麵粉 1 杯、
食用油適量、粗鹽些許
調味醬油 醬油 1 大匙、食醋 1 小匙、
辣椒粉 1/2 小匙、砂糖 1/2 小匙

前一天晚上（1～2）

1. 將牡蠣放入加入粗鹽的水中晃動清洗，以手撥開外殼後、過篩瀝除水份。

2. 將調味材料全部攪拌均勻製作成調味醬油。

3. 將麵粉倒入口徑較大的容器中，將❶的牡蠣倒入麵粉中，均勻裹上麵粉麵衣。

4. 將蛋打入碗中攪拌均勻製作成蛋液，放入❸讓牡蠣沾滿雞蛋液。

5. 將食用油倒入熱好的鍋中，放入沾上雞蛋麵衣的牡蠣烤至出現焦黃色後，倒入調味醬油。

COOKING TIP

**牡蠣要在鹽水中清洗乾淨
才能維持住其養分**

在清洗牡蠣時，請務必使用鹽巴水，如此才能維持住牡蠣的鮮味與營養素。輕輕地搓洗、過篩瀝除水份後再行料理。

星期一
Monday

卡通主角飯 ○○ ○

辣炒章魚
白麵
○○ ○

櫛瓜煎餅 ○○
紫蘇油炒酸辣泡菜
黃桃 ○

連週一症候群都消失的無影無蹤的
香辣卡通便當

今日的便當	第一盒　卡通主角飯
	第二盒　辣炒章魚＋白麵
	第三盒　櫛瓜煎餅＋紫蘇油炒酸辣泡菜＋黃桃

仗著堅定的意志力、帶著卡通角色的萊恩邁上星期一的出勤路吧。香辣又有嚼勁的辣炒章魚將星期一症候群的所有不適一掃而空。一尾章魚等同於一支人蔘，章魚自古以來就被認定是補品食材之一。幾乎沒有脂肪成份的章魚有著豐富的牛磺酸、礦物質與胺基酸，是消除壓力與恢復疲勞首屈一指的優秀食材。

適用於生魚片、汆燙、湯品、快炒、燒烤等各種料理方法，而我們家中最喜愛的是熱炒的方式。重口味的辣炒章魚搭配味道較清淡的櫛瓜煎餅、紫蘇油炒酸辣泡菜最適合不過了。

TIP 包裝成一盒的便當

在便當盒的 1/3 位置盛入白飯，並利用海苔與雞蛋裝飾出眼睛和鼻子。為了避免讓醬汁沾附到白麵，請將醬汁另外裝入容器中。

星期二
Tuesday

牡蠣飯
調味醬
○○○○

醬燒明太魚乾
涼拌海藻龍鬚菜 ○○
韓式味噌醬拌辣椒 ○

營養滿分
在口中蔓延的大海鮮味

今日的便當	第一盒　牡蠣飯＋調味醬
	第二盒　醬燒明太魚乾＋涼拌海藻龍鬚菜＋
	韓式味噌醬拌辣椒

使用了拿破崙最喜歡的牡蠣作為便當的核心。牡蠣的卡路里與脂肪含量低，且含有豐富的鈣質、蛋白質、礦物質等營養素，對於預防動脈硬化與守護肝臟健康有很大的助益。另外，牡蠣中還含有能有效分解黑色素的成份，有助於讓皮膚變地透亮、乾淨。

使用醬燒明太魚乾、涼拌海藻龍鬚菜、韓式味噌醬拌辣椒等配菜搭配充滿大海鮮味的牡蠣飯，更提升了綠色滋味。特別是海藻龍鬚菜具有排出體內重金屬的功效，請多加將海藻龍鬚菜做成各種涼拌菜食用。

TIP 包裝成一盒的便當

將牡蠣飯斜放盛入便當盒中，利用韓式味噌醬拌辣椒做為區隔，分別裝入其他的配菜。

星期三
Wednesday

飯糰 ○○

烤鰻魚 ○○

紫蘇油炒酸辣泡菜
櫛瓜煎餅　○○
醬燒明太魚乾

一星期的中間過渡
撐起筋疲力盡身體的力量

今日的便當　　　第一盒　**飯糰**
　　　　　　　　第二盒　**烤鰻魚**
　　　　　　　　第三盒　**紫蘇油炒酸辣泡菜＋櫛瓜煎餅＋醬燒明太魚乾**

平時身體感到無力、或需要補充體力時，總是會想上餐館吃鰻魚吧。蛋白質與維他命 A 含量極高，常被用作為健康食品或補身食材的鰻魚，也廣泛被中國、日本與歐洲等國家當作進補食材享用。不過鰻魚的性質較冷、不好消化，基於此點，若一次吃太多反而會有反效果。

想吃燒烤時，適合選用肥肉較多的淡水鰻魚，欲享用火鍋或生魚片時，則使用海鰻魚最對味。今天則要將從超市買來的淡水鰻魚料理成辣椒醬烤鰻魚。將白飯抓捏成球狀般的飯糰擺入便當盒中，再以西洋芹粉裝飾，讓整體色彩更出眾。

TIP 包裝成一盒的便當
將飯糰擺入便當盒中間位置，並在上方擺入烤鰻魚。兩邊則擺放配菜，固定住主菜。

星期四
Thursday

鮑魚粥 ○○

醬燉馬鈴薯 ○
涼拌海藻龍鬚菜 ○○

水果雞尾酒 ○○○

紓壓的療癒菜單
一碗清淡的熱粥

今日的便當　　　第一盒　鮑魚粥
　　　　　　　　　　第二盒　醬燉馬鈴薯＋涼拌海藻龍鬚菜＋水果雞尾酒

只要有一碗熱氣騰騰的鮑魚粥，胃都強健起來了。這裡準備的小菜皆是不會影響到清淡鮑魚粥的菜色。鮑魚以中國皇帝秦始皇尋求長生不老而食用聞名，自古以來便是極度珍貴的海鮮珍品。鮑魚中含有一種被稱作精胺酸的氨基酸，對成長期的孩子、手術後康復的患者與老人特別好。

特別是鮑魚的內臟部份中含有 70%的營養素，請不要將內臟丟掉，應收集起來妥善運用。將內臟加入鮑魚粥中能增添粥的風味，味道堪稱極品。秋天到初冬是鮑魚的產卵期，有些許的毒素，請務必煮熟後再行食用。

TIP 包裝成一盒的便當

將鮑魚粥另外盛入帶有蓋子的容器中，
然後將剩下的配菜放入便當盒的周圍。

星期五
Friday

花型煎蛋飯 ○○

牡蠣煎餅
調味醬油

○ ○○○

黃桃 ○
韓式味噌醬拌辣椒 ○
醬燉馬鈴薯 ○

歡樂星期五的開始
以牡蠣煎餅和牛角辣椒來充電

今日的便當	第一盒　花型煎蛋飯
	第二盒　牡蠣煎餅＋調味醬油
	第三盒　黃桃＋韓式味噌醬拌辣椒＋醬燉馬鈴薯

是要酥炸牡蠣呢？還是要做成牡蠣煎餅呢？稍微苦惱了一下後，決定今天要來製作牡蠣煎餅。利用醬油與食醋、辣椒粉、砂糖拌勻製作而成的醬汁更增添了牡蠣煎餅的口感與香味。

被讚譽為「大海的牛奶」的牡蠣含有大量的肝糖原與牛磺酸，有助於降低膽固醇與血壓。另外，礦物質和維生素含量也頗高的牡蠣也有助於貧血的改善。同時也準備了光是看到心情就會跟著好起來的花型煎蛋飯。利用牡蠣煎餅補充養分歡樂渡過周末的開始、狂歡星期五吧！

TIP 包裝成一盒的便當
將便當盒區分成白飯、主菜與配菜三個區塊。將甜點盛裝在烘焙紙中。

5+WEEK

—

解毒便當

根莖蔬菜

減肥前或察覺體重變重時，就應當調整便當的菜單了吧。
準備有助於將堆積在體內的毒素排出體外的解毒菜單。
蓮藕、牛蒡與馬鈴薯等皆是含有大量纖維素的塊根蔬菜，
用作為主菜或配菜都很合適。

星期一	黑米飯＋高麗菜卷＋涼拌綠豆芽＋豆瓣醬炒茄子＋火龍果
星期二	太陽煎蛋飯＋馬鈴薯辣椒醬燉湯＋韓式蒸糯米椒＋蓮藕泡菜
星期三	炒甜椒什錦＋花卷＋鮮蝦花椰菜煎餅＋豆瓣醬炒茄子＋蓮藕泡菜
星期四	日式香鬆飯＋牛蒡豬肉卷＋涼拌綠豆芽菜＋鮮蝦花椰菜煎餅＋韓式煎豆腐
星期五	高麗菜包飯＋韓式煎豆腐＋韓式蒸糯米椒＋火龍果

星期日的午後
採買

買回來的根莖蔬菜很難一次全部吃完，對吧。本週不用再擔心食材剩餘的問題了，我們將要利用這些根莖食材製作出一整個禮拜的多元化解毒便當。將牛蒡、紅蘿蔔、洋蔥、馬鈴薯與蓮藕等通通放入菜籃中帶回家吧。

Shopping List

核心食材： 高麗菜 1/2 顆、蓮藕 100g、馬鈴薯 1 顆、牛蒡 1 根、紅蘿蔔 1 根、洋蔥 1 顆、青椒各 1 顆

肉類&海鮮： 烤肉用豬肉片 150g、豬絞肉 150g、豬里肌肉 100g、牛胸口肉 50g、蝦仁（中）12 尾

蔬菜&水果： 綠豆芽 3 把（150g）、糯米椒 150g、茄子 1 根、番茄 1 顆、花椰菜 1 顆、紅色甜椒 1 顆、黃色甜椒 1 顆、火龍果 1 顆

其他： 豆腐 1/2 塊（150g）、雞蛋 1 顆、花卷 4 個、沙丁魚 2 尾、昆布 5×5cm 2 張、麵粉適量、炸雞粉適量、煎餅粉適量、太白粉適量、麵包粉適量

醬料： 蠔油、豆瓣醬、青梅汁、梔子粉、咖哩粉、番茄醬、義式番茄醬、醃漬香料

整理

馬鈴薯辣椒醬燉湯

豆瓣醬炒茄子

涼拌綠豆芽

蓮藕泡菜

韓式蒸糯米椒

炒甜椒什錦

鮮蝦花椰菜煎餅

高麗菜卷　　高麗菜包飯　　韓式煎豆腐　　牛蒡豬肉卷

排毒便當的主菜也是蔬菜。若想維持住根莖蔬菜原本的顏色，那麼請將蔬菜的外皮刨除後，立刻浸泡到食醋水裡。加入主菜的肉類需要在前一天事先醃好，肉類才會好吃不會太鹹。

How to List

〔配菜食材整理〕
1 將豆芽菜汆燙，茄子切成適當的大小。
2 將醃漬用蓮藕刨除外皮後切片。
3 將糯米椒裹上麵粉麵衣。花椰菜汆燙。
4 在豆腐上鋪蓋餐巾紙、吸除水份。

〔主菜食材整理〕
1 將馬鈴薯上的芽眼挖除、去皮。
2 將炒什錦所需的蔬菜切絲，將豬肉醃漬。
3 將高麗菜心切除後放入微波爐或蒸籠蒸熟。
4 牛蒡去皮後浸泡在食醋水中。

製作排毒便當配菜 1人份

這裡所準備的蓮藕、茄子、綠豆芽、糯米椒與花椰菜等蔬菜將要被用來製作成美味的配菜，當然這些食材通通是有助於將體內的毒素排出的優秀食物，對減肥也很有效用。我們總共要製作出六種配菜，健康一整週。

豆瓣醬炒茄子

韓式煎豆腐

蓮藕泡菜

鮮蝦花椰菜煎餅

韓式蒸糯米椒

涼拌綠豆芽

彩色配菜 6 道

豆瓣醬炒茄子

茄子 1 根、豬絞肉 50g、食用油 1 大匙、
豆瓣醬 1 大匙、醬油 1/2 大匙、蠔油 1/2 大匙、
食醋 1/2 大匙、砂糖 1/2 大匙、蒜末 1/2 匙
肉類醃醬 料酒 1/2 小匙、胡椒粉 1/2 小匙

1. 在豬絞肉中倒入料酒與胡椒粉醃漬 10 分鐘
   左右。
2. 將茄子先切成 4 等份後，再分別各切成 6 等
   份。
3. 將茄子放入乾鍋中，烤至茄子乾了為止。
4. 將食用油倒入另外的鍋子中，放入蒜末爆
   香，當蒜香味出現時，放入醃好的絞肉與❸
   的茄子一起拌炒。
5. 當茄子色澤變了之後，放入豆瓣醬、醬油、
   蠔油、食醋與砂糖一起拌炒。

COOKING TIP

茄子的水份很多，因此需要先放到乾
鍋中乾炒，讓水分蒸發掉後再行料
裡，如此茄子才不會變得軟爛。

COOKING TIP

豆芽菜汆燙後，需立即放入冷水中漂
洗才能維持住其清脆度。

涼拌綠豆芽

綠豆芽 3 把（150g）、青蔥 1 把、香油 1 大匙、
蒜末 1/2 大匙、芝麻 1/2 大匙、鹽巴 1/2 小匙、
粗鹽些許

1. 將粗鹽放入滾水中，倒入綠豆芽汆燙 2 分鐘
   左右。
2. 將汆燙好的豆芽菜撈起，馬上放入冷水中漂
   洗，過篩瀝除水份。
3. 將青蔥整理乾淨、切成蔥花。
4. 將汆燙好的豆芽與蔥花、蒜末、芝麻、香油
   全放入容器中攪拌均勻，最後使用鹽巴調味
   收尾。

韓式蒸糯米椒

糯米椒 150g、麵粉 1/3 杯
醬料 醬油 1 大匙、辣椒粉 1 大匙、
青梅汁 1 大匙、蒜末 1/2 大匙、香油 1 小匙

1. 將糯米椒的蒂頭切除後，在流水中清洗乾淨備用。
2. 將 1/3 杯的麵粉倒入食物保鮮袋中，放入清理好的糯米椒封起袋子搖晃，讓糯米椒均勻裹上麵衣。
3. 在冒出蒸氣的蒸鍋中放入❷的糯米椒蒸 5 分鐘左右。
4. 將醬料材料全部放入碗中拌勻製作成醬料。
5. 將蒸熟的糯米椒放入❹中抓捏拌勻。

COOKING TIP

若沒有蒸籠，請善加利用微波爐。將裹上麵衣的糯米椒放入容器中，裹上保鮮膜後，在保鮮膜上戳洞並微波 2 分鐘左右。

韓式煎豆腐

豆腐 1/2 塊（150g）、炸雞粉 3 大匙、
太白粉 1 大匙、鹽巴些許、胡椒粉些許、
食用油 1 杯
醬料 番茄醬 2 大匙、辣椒醬 1 大匙、
醬油 1 大匙、料酒 1 大匙、寡糖糖漿 1 大匙、
砂糖 1/2 小匙

1. 豆腐切成四邊 1.5cm 左右的大小，蓋上餐巾紙吸除水份後，撒上鹽巴醃漬。
2. 將炸雞粉、太白粉、醃好的豆腐放入食品用塑膠袋中搖晃，讓豆腐沾附麵衣。
3. 將食用油倒入平底鍋，放入裹附麵衣的豆腐，並將豆腐炸得焦香金黃。
4. 將醬料材料倒入碗中，拌勻製作成醬料。
5. 在另一個鍋子中倒入❹的醬料並以小火煮至沸騰後，放入炸好的豆腐拌炒。

COOKING TIP

炸豆腐時最重要的是要去除水分。千萬別忘了此道程序。

鮮蝦花椰菜煎餅

蝦仁（中）12 尾、花椰菜 1/2 顆、洋蔥 1/8 顆、
食用油 3 大匙、粗鹽些許、胡椒粉些許
麵糊 雞蛋 1 顆、煎餅粉 1 杯、水 2/3 杯

1. 在蝦子上撒上胡椒粉醃漬，花椰菜放入加入
   粗鹽的熱水中汆燙約 30 秒。
2. 將汆燙好的花椰菜放入冷水中漂洗、瀝除水
   份後，切除莖部、將剩餘的部分切成細末
   狀。洋蔥也切成洋蔥末。
3. 將麵糊材料放入碗中攪拌均勻，放入切碎的
   花椰菜和洋蔥一起拌勻。
4. 在熱鍋中倒入食用油，利用湯匙挖起一球一
   球的❸放入鍋子中烤。
5. 在❹的上方擺放醃好的蝦子，當麵糊上方大
   約熟一半後翻面。
6. 將火候調小，煎至煎餅呈現焦黃為止。

COOKING TIP

花椰菜汆燙後要立刻放入冷水中浸
泡，避免花椰菜因為熱氣變得軟爛。

蓮藕泡菜

蓮藕 100g、梔子粉 10g
調和醋 水 1 杯、砂糖 1/2 杯、食醋 1/2 杯、
醃漬香料 1 大匙

1. 將 1/3 杯的水注入鍋中，將玻璃瓶倒蓋鍋
   中，經過滾燙的熱水消毒後，讓瓶子呈現乾
   燥狀態。
2. 將蓮藕的外皮削掉後，切成寬度 0.5cm 左右
   的片狀。
3. 將調和醋材料放入鍋子中滾煮。
4. 將整理好的蓮藕和梔子粉放入消毒好的玻璃
   瓶中，再倒入沸騰的調和醋，蓋上瓶蓋。
5. 靜置室溫中一天，隔天開始放入冰箱中冷藏
   享用。

COOKING TIP

除了梔子粉之外，使用甜菜汁粉就可
以製作出粉紅色的蓮藕泡菜了。

前一天晚上 15 分鐘的事前準備＋當天早上 20 分鐘的料理

製作解毒便當的主菜 1人份

解毒便當中的主菜食材分別有牛蒡、蓮藕、紅蘿蔔、馬鈴薯與高麗菜。纖維素豐富的根莖蔬菜與補充蛋白質的豬肉結合的菜單閃亮亮登場了。食材倘若搭配得宜，不僅對身體健康有益、相乘效果下，飯後的身體也會感到輕鬆無負擔。

馬鈴薯辣椒醬燉湯
前一天晚上 先將食材切好，使用昆布與沙丁魚熬好高湯。

高麗菜包飯
前一天晚上 先將高麗菜和 1/2 杯的水放入容器中，裹上保鮮膜後，微波 5 分鐘。

炒甜椒什錦 & 花卷
前一天晚上 先將豬脊肉切成長度 1cm 左右的肉絲，並醃好備用。調味醬也製作好。

高麗菜卷
前一天晚上 先將番茄與洋蔥處理好、高麗菜蒸熟。

牛蒡豬肉卷
前一天晚上 先將烤肉用豬肉醃好，並將牛蒡與紅蘿蔔絲放在肉片上卷成肉卷。

一週的 5 道主菜

將營養捲起來一口放入嘴中

高麗菜卷
. . . .

大片的高麗菜葉 5 片、豬絞肉 100g、洋蔥 1/6 顆、
雞蛋 1/2 顆、麵包粉 1 大匙、蠔油 1/2 大匙、
鹽巴些許、胡椒粉些許
醬汁 番茄 1/2 顆、市售義式番茄醬 1 杯、水 1/2 杯

前一天晚上（1〜5）

1. 將高麗菜的硬梗切除。

2. 將高麗菜放入微波爐專用的容器中、裹上保鮮膜，
   在保鮮膜上戳洞後，微波 5 分鐘左右。

3. 將洋蔥切成洋蔥末，醬汁用的番茄切成適當的大小
   後，放入攪拌機中攪碎。

4. 將豬絞肉、洋蔥末、雞蛋、麵包粉、蠔油、鹽巴與
   胡椒粉放入碗中攪拌均勻。

5. 將微波好的高麗菜攤平鋪放在砧板上，以湯匙挖一
   杓❹的絞肉鋪在高麗菜上捲起來。

6. 將❸與市售義式番茄醬、水一起放入鍋中滾煮。

7. 將❺的高麗菜卷輕輕放入，注意不要重壓高麗菜
   卷，以小火燉煮約 15 分鐘。

COOKING TIP

與奶油白醬也很般搭

高麗菜卷搭配奶油白醬也很合
適。請將生奶油 1 杯、酸奶油
3 大匙、雞湯塊 1/3 塊、水 1/4
拌勻製作成奶油白醬。

123

微辣過癮的湯品

馬鈴薯辣椒醬燉湯

馬鈴薯 1/2 顆、青陽辣椒 1/2 根、牛胸口肉 50g、
洋蔥 1/6 顆、大蔥 5cm、香油 1 大匙、
湯醬油 1/2 大匙、鹽巴些許
醬料 辣椒醬 1 大匙、辣椒粉 1 小湯匙、
蒜末 1 小湯匙、韓式味噌醬 1/2 小匙
昆布高湯 沙丁魚 2 尾、昆布 5×5cm 2 張、水 2 杯

前一天晚上（1～2）

1. 將水、昆布與沙丁魚放入鍋子中浸泡約 10 分鐘後
   開火。當水滾了，調成中火再煮 1 分鐘後關火，先
   撈出昆布，15 分鐘後再撈出沙丁魚。
2. 馬鈴薯和洋蔥切成方便一口食用的 1.5cm 方塊，青
   陽辣椒與大蔥剁碎。
3. 將香油倒入鍋子中，並放入牛胸口肉拌炒，再把準
   備好的馬鈴薯與洋蔥放入一起拌炒。
4. 將昆布高湯倒入❸中待沸騰後，將所有的醬料材料
   放入一起滾煮。
5. 利用湯醬油與鹽巴調味，放入青陽辣椒和大蔥煮開
   後關火。

COOKING TIP

可以使用洗米水代替昆布高湯

若覺得熬煮昆布高湯過於麻煩，則可以使用洗米水代替。洗米水和辣椒醬搭配在一起會散發出深層的香氣。若想讓湯頭再更濃郁些，那麼請加些辣椒醬吧。

以花卷取代白飯做為主食
炒甜椒什錦
· · · · · · · · · · · · · · · · · ·

青椒 1/4 顆、紅色甜椒 1/4 顆、
黃色甜椒 1/4 顆、洋蔥 1/4 顆、
豬里脊肉 100g、花卷 4 顆、食用油 2 大匙
豬肉醃醬 料酒 1 小匙、蒜末 1 小匙、
胡椒粉些許
醬料 蠔油 2 大匙、醬油 1 大匙、
料酒 1 大匙、水 1 大匙、砂糖 1 大匙、
蒜末 1 大匙

前一天晚上（1～3）

1. 豬里肌肉切成寬幅 0.5cm 左右的肉絲後抓醃。
2. 青椒、紅色甜椒、黃色甜椒、洋蔥通通切成寬度 0.5cm 左右的條狀。
3. 將醬料材料攪拌均勻製作成調醬。
4. 燒一鍋滾水並放入蒸籠將花卷蒸熟。
5. 在鍋子中倒入食用油，待油熱了之後放入醃好的豬里肌肉快炒。
6. 當豬肉熟至某個程度後放入切好的蔬菜拌炒，炒到洋蔥呈現透明時，將❸的醬料倒入並以中火快炒。

COOKING TIP

將炒甜椒什錦包在蕎麥煎餅皮中，一起吃也很美味

萬一沒有花卷，那麼可以將蕎麥粉揉成麵糊，製作成類似包子皮的煎餅皮包著一起吃。將花卷炸過後，配著煉乳吃也很香甜可口喔。

味道與養分兼具的黃金組合

牛蒡豬肉卷

· · · · · · · · · · · · · · · · ·

牛蒡 1/6 根、紅蘿蔔 1/6 根、
烤肉用豬肉 150g、食用油 1 大匙
豬肉醃醬 鹽巴些許、胡椒粉些許
醬料 水 4 大匙、醬油 2 大匙、
砂糖 2 大匙、蒜末 1 小匙

前一天晚上（1～4）

1. 利用鹽巴與胡椒粉醃漬豬肉。

2. 牛蒡與紅蘿蔔切成長度 6cm、寬度 0.5cm 左右的長
   條狀。

3. 在熱鍋中倒入 1 大匙的食用油後，放入切好的牛蒡
   與紅蘿蔔拌炒。

4. 將醃好的豬肉平放鋪開在砧板上，再將炒好的牛蒡
   與紅蘿蔔各 7 根放在肉片上捲起來。

5. 將醬料材料放入鍋中滾煮，煮到醬汁剩一半為止。

6. 將❹的牛蒡豬肉卷放入熱鍋中煎熟。依據個人喜
   好，看是要淋上醬汁吃，還是沾著吃都可以。

COOKING TIP

製作酸酸辣辣的醬汁

除了基本的醬油醬汁外，牛蒡
豬肉卷與酸酸辣辣的醬汁搭配
起來又是另一種風味。只要將
辣椒醬、番茄醬、蠔油、料酒
與青梅汁各 1 大匙攪拌均勻就
大功告成了。

只要十分鐘就能迅速完成的
高麗菜飯卷
. . . .

白飯 1 碗（200g）、高麗菜 8 葉
包飯醬 韓式味噌 1 大匙、
辣椒醬 1/2 大匙、辣椒粉 1/2 大匙、
蒜末 1/2 大匙、砂糖 1 小匙、芝麻些許

 ▶ ▶

 ▶  ▶

前一天晚上（1～2）

1. 使用刀子將高麗菜的菜心部份切掉。
2. 將高麗菜放入微波爐專用容器中，並包覆上保鮮膜，在保鮮膜上戳洞後微波 5 分鐘左右。
3. 將包飯醬料材料全部放入碗中拌勻製作成包飯醬。
4. 將熟透的高麗菜葉平鋪在砧板上，再抓捏白飯成長條狀放在高麗葉上捲起來。
5. 將高麗菜卷切成方便一口食用的大小後，在高麗卷上放一些❸的包飯醬。

COOKING TIP

使用鮪魚和香辛料製作鮪魚包飯

請在高麗菜上放上鮪魚包飯。將鮪魚 2 大匙、洋蔥末 1 大匙、蔥花 1 大匙、辣椒末 1/2 大匙、韓式味噌 1/2 大匙、辣椒醬 1 小匙、辣椒粉 1 小匙、蒜末 1/2 小匙、香油 1/2 小匙攪拌均勻就完成了。

星期一
Monday

黑米飯 ○

高麗菜卷 ○○

涼拌綠豆芽 ○○○
豆瓣醬炒茄子 ○
火龍果 ○○

沒有負擔的星期一
沒有負擔的高麗菜食譜

今日的便當	第一盒	黑米飯
	第二盒	高麗菜卷
	第三盒	涼拌綠豆芽＋豆瓣醬炒茄子＋火龍果

還記得電影「夏威夷男孩」中主角非常喜愛的高麗菜卷這道料理吧？一個星期的起始，就從這道高麗菜卷出發吧。電影中雖然是利用雞湯塊與鮮奶油來製作高麗菜卷，但這裡我們使用的是義式番茄醬。

若在口感柔順又清脆的高麗菜中加入肉品，無疑是人間美味。在製作完成的料理上撒上西洋芹粉，看上去更加誘人了。將鋪上鷹嘴豆的黑米飯、清淡爽口的涼拌綠豆芽、煎得焦香的豬肉，搭上香噴噴豆瓣醬的炒茄子，一起放入便當盒中吧。

TIP 包裝成一盒的便當

放入 2 卷高麗菜卷後，再放入米飯與配菜。可以在剩餘的地方塞上幾朵花椰菜，藉以固定配菜。

星期二
Tuesday

太陽煎蛋飯 ○　○○

馬鈴薯辣椒醬燉湯 ○

韓式蒸糯米椒 ○
蓮藕泡菜

與囤積在身體裡的毒素說拜拜
早安湯品便當

今日的便當	第一盒　太陽煎蛋飯
	第二盒　馬鈴薯辣椒醬燉湯
	第三盒　韓式蒸糯米椒＋蓮藕泡菜

星期二就以辣酥酥的辣椒醬熱湯喚醒食慾吧！切得大塊大塊的馬鈴薯燉煮出來的熱呼呼辣湯，是讓人可以連著吃掉兩大碗米飯的「一極棒」菜色。馬鈴薯若連皮帶著吃，可以攝取到高於香蕉 5.5 倍的纖維素。在清理馬鈴薯時，除了芽眼外，含有有毒物質的綠色部份也需要一起清除後才能進行料理。

適合與辣椒醬燉湯搭配著一併食用的莫過於煎蛋了。在白飯上放上一顆煎蛋，並在蛋黃處擺上利用壽司海苔剪出來的可愛眼睛，再以番茄醬畫出腮紅，看到便當的那一瞬間心情肯定也跟著愉悅起來了。打開便當盒時，情不自禁地笑出來了吧？

TIP 包裝成一盒的便當
將白飯捏成飯糰的樣子放進便當盒中，湯品則裝入有蓋子的容器裡。

星期三
Wednesday

炒甜椒什錦 ◯ ◯ ◯
花卷 ◯

鮮蝦花椰菜煎餅
豆瓣醬炒茄子 ◯
蓮藕泡菜

裝入美味的一天
以甜椒什錦組合取代米飯

今日的便當   第一盒   炒甜椒什錦＋花卷

                       第二盒   鮮蝦花椰菜煎餅＋豆瓣醬炒茄子＋蓮藕泡菜

在一個禮拜中，疲倦感達到頂峰的星期三，作戰核心應該放在恢復疲勞與保護肝臟上。因此這一天準備了有助於受損肝細胞恢復的蔬菜與青椒作為主菜。抗氧化劑的維他命 C、β 胡蘿蔔素、葉酸豐富的青椒與一般的蔬菜不同，青椒的維他命 C 在一般料理的過程中並不會輕易遭受破壞。青椒僅用食用油清炒就很美味了，且在熱油拌炒的過程中，養分更有利於被吸收。

今天將利用豬肉與青椒來完成炒甜椒什錦，搭配著花卷一起食用的話，一整餐很是足夠了。將鮮蝦花椰菜煎餅、豆瓣醬炒茄子和利用甜菜汁粉入色的蓮藕泡菜一起放入便當盒中，色彩繽紛的美味便當就出現了。

TIP 包裝成一盒的便當

在炒甜椒什錦與花卷之間放入蓮藕泡菜，讓彼此分離、避免互相混在一起。

星期四
Thursday

日式香鬆飯 ○○

牛蒡豬肉卷
照燒醬
○○○

涼拌綠豆芽 ○ ○○
鮮蝦花椰菜煎餅
韓式煎豆腐 ○

豬肉與牛蒡的聯手合作
均衡鹼性平衡

今日的便當	**第一盒　日式香鬆飯**
	第二盒　牛蒡豬肉卷＋照燒醬
	第三盒　涼拌綠豆芽＋鮮蝦花椰菜煎餅＋韓式煎豆腐

被稱作「東洋人蔘」的牛蒡是一種美味與養份兼具的塊根食物。具備改善水腫效能與富含大量菊糖的牛蒡，是對糖尿病患者很好的食材。特別是與豬肉一起搭配入菜的話，能降低豬肉的肉腥味，而豬肉的油脂亦可以蓋過牛蒡的韌性口感，讓牛蒡更好入口。

今天主菜所準備的牛蒡豬肉卷很適合搭配著照燒醬一起食用，不另外沾醬，原味吃也不遜色喔。請搭配著撒上日式香鬆的白飯、爽口的涼拌綠豆芽與鮮蝦花椰菜煎餅、甜甜辣辣的韓式煎豆腐一併享受吧。

TIP 包裝成一盒的便當

將一卷一卷的牛蒡豬肉卷立起直線擺放入便當盒中，剩餘的空間盛飯。

星期五
Friday

高麗菜包飯 ◐○○

韓式煎豆腐 ○
韓式蒸糯米椒 ○
火龍果 ●○○

一週的結尾
花朵午餐盒

今日的便當	第一盒＋第二盒　高麗菜包飯
	第三盒　韓式煎豆腐＋韓式蒸糯米椒＋火龍果

小時候不特別愛吃高麗菜吧，總是疑惑著那個平淡的味道到底哪裡好吃了。但奇怪的是，隨著年紀逐漸增長，愈來愈喜歡吃高麗菜了。甚至現在完全無法想像如果炸豬排沒有高麗菜沙拉搭配、大阪燒中沒有高麗菜該怎麼辦呢？高麗菜真正神奇的地方是在它煮的愈熟、愈久，清甜味反而愈能呈現出來。

到目前為止已經介紹了好幾道關於包飯類的菜品了，這之中最喜歡的包飯正是高麗菜包飯。將高麗菜包飯擺入第一盒與第二盒便當盒中好似花朵盛開般漂亮。光只要有加上包飯醬的高麗菜包飯，一整天肚子都不會咕嚕咕嚕叫了。韓式煎豆腐、韓式蒸糯米椒和飯後甜點的火龍果一起搭配，能讓便當更加豐富。

TIP 包裝成一盒的便當
將高麗菜包飯一個接著一個在便當盒中排兩排，以生菜做區隔，分別擺入其他配菜。

6+WEEK

輕食便當
豆類、豆腐、雞蛋

是食材、料理都很簡單的便當類型。
不需要前往大型超市，以在家附近的超市就能方便買到的簡單食材製作，
心情也跟著輕鬆起來了吧。
請享受以豆類、豆腐和雞蛋這三類食物製作的輕食便當吧！

星期一	白飯＋豆芽菜炒五花肉＋涼拌蕨菜＋通心麵沙拉＋涼拌垂盆草
星期二	酪梨明太魚子拌飯＋涼拌蒟蒻＋涼拌蕨菜＋葡萄柚
星期三	微笑起司飯＋豆腐泡菜＋涼拌豆芽菜＋涼拌垂盆草＋通心麵沙拉
星期四	毛豆飯＋麻婆豆腐＋涼拌小白菜＋涼拌蒟蒻
星期五	薑黃飯＋垂盆草蛋卷＋通心麵沙拉＋涼拌小白菜＋涼拌豆芽菜

採買

是讓菜籃輕盈的食譜。核心食材選定為任何家庭一星期至少會出現在餐桌上一兩次的豆類、豆腐與雞蛋。額外需要準備的是總會占據冰箱冷凍庫一層的五花肉、豬絞肉、明太魚魚卵等。

Shopping List

核心食材：豆芽菜 1 包（200g）、豆腐 1 塊、雞蛋 8 顆
肉類&海鮮：五花肉薄片 180g、豬絞肉 50g、明太魚子醬 30g
蔬菜：小白菜 150g、煮熟的蕨菜 120g、垂盆草 65g、小黃瓜 1 根、洋蔥 1 顆、青陽辣椒 1 根、紅辣椒 1 根、酪梨 1/2 顆、大蔥 10cm
其他：酸辣泡菜 80g、蒟蒻 100g、罐頭玉米 1 罐（200g）、通心麵 60g、蟹肉棒 4根
醬料：蠔油、韓式味噌、檸檬汁、美乃滋、黃芥末醬、青梅汁、芥末

整理

通心麵沙拉

涼拌豆芽菜

麻婆豆腐

涼拌蕨菜

涼拌蒟蒻

涼拌小白菜

酪梨明太魚子拌飯

豆腐泡菜

垂盆草蛋卷

涼拌垂盆草　豆芽菜炒五花肉

食材簡單，整理起來當然也變得簡單了。只要將大部份食材清洗乾淨、切好就可以了。而做為配料的五花肉薄片與絞肉也無須醃漬，料理起來相當方便。

How to List

〔配菜食材整理〕
1 將通心麵煮熟，豆芽菜與蒟蒻也各自汆燙。
2 將燙過的蕨菜浸泡在水中20分鐘以上。
3 將小白菜髒髒的部份切掉。
4 將垂盆草放在流動的清水下，清洗乾淨並瀝除水份。

〔主菜食材整理〕
1 豆腐按各道料理所需切成適當的大小備用。
2 酪梨放在常溫下催熟。
3 將蛋卷所要使用的雞蛋分成蛋白與蛋黃。
4 將烤肉用豆芽清洗乾淨。

製作輕食便當的配菜 2人份

本週準備的配菜以涼拌菜為主。沒有經過熱炒或燉煮的過程，僅拌入調醬，食材原有的原汁原味被完整呈現出來了。即便沒有添加油類也不失美味，清淡沒有負擔。

涼拌蒟蒻

涼拌豆芽菜

涼拌蕨菜

涼拌小白菜

通心麵沙拉

涼拌垂盆草

彩色配菜 6 道

涼拌垂盆草

垂盆草 2 把（50g）
醬料 辣椒醬 1/2 大匙、辣椒粉 1/2 大匙、
食醋 1/2 大匙、青梅汁 1/2 大匙、香油 1 小匙、
砂糖 1 小匙、蒜末 1/2 小匙

1. 將垂盆草放在流動的清水下清洗乾淨，過篩
   瀝除水份。
2. 將醬料材料攪拌均勻製作成醬料。
3. 在食用之前，再將垂盆草和醬料輕輕地抓捏
   拌和在一起。

COOKING TIP

將垂盆草浸泡在乾淨的水中漂洗時，
請小心不要將葉片壓壞，需來回清洗
2～3 次。

COOKING TIP

在汆燙豆芽菜時，鍋蓋從頭至尾都需
保持不要蓋上的狀態，蓋上鍋蓋的話
豆芽菜的菜腥味就出不來了。

涼拌豆芽菜

豆芽菜 2 把（100g）、小黃瓜 1/6 根、蟹肉棒 1
根、粗鹽些許
醬料 芥末 1/2 大匙、食醋 1/2 大匙、砂糖 1/2 大
匙、檸檬汁 1/2 小匙

1. 將豆芽菜放入滾燙的鹽水中，在不蓋上鍋蓋
   的狀態下汆燙 2 分半鐘，撈起立即放入冷水
   中冰鎮、瀝除水份。
2. 去除小黃瓜的外皮與種籽後切成 5cm 左右
   的絲狀，蟹肉棒也切成 5cm 左右的長度後
   剝成細絲狀。
3. 將汆燙好的豆芽菜、小黃瓜絲與蟹肉絲通通
   放入碗中，倒入醬料材料抓捏拌勻。

143

涼拌蕨菜

汆燙過的蕨菜 120g、紫蘇油 2 大匙、
湯醬油 1/2 大匙、蒜末 1 小匙、鹽巴些許、
水 2/3 杯

1. 將汆燙好的蕨菜放在流水下漂洗 20 分鐘以
   上後浸泡在水中。
2. 剪掉蕨菜老韌不好咀嚼的部份，切成 4cm
   左右、方便食用的長度。
3. 將紫蘇油、蒜末與❷的蕨菜、湯醬油放入鍋
   中拌炒。
4. 往❸中倒入水並蓋上鍋蓋，以小火將蕨菜煮
   至全熟為止。
5. 當水沸騰了以後，加入鹽巴調味。

COOKING TIP

需將乾燥的蕨菜放入水中浸泡一整
天，待其泡開後才能料理。將泡開的
蕨菜蒸煮 40 分鐘以上，靜置 2 小時
放涼後再行使用。

通心麵沙拉

通心麵 60g、小黃瓜 1/6 根（5cm）、
蟹肉棒 1 根、罐頭玉米 1/3 罐（50g）、
粗鹽 1 小匙
醬料 美乃滋 2 大匙、黃芥末醬 1 小匙、
砂糖 1 小匙、檸檬汁 1/2 小匙

1. 將通心麵倒入加了粗鹽的熱水中，以湯匙邊
   攪拌邊煮 12 分鐘左右。
2. 將煮熟的通心麵過篩、瀝除水份後，放涼備
   用。
3. 刨除小黃瓜的外皮與去除種籽後切成四邊 1
   公分的丁狀，蟹肉棒也切成寬幅 1cm 左右
   的塊狀。
4. 將通心麵、小黃瓜、蟹肉棒、罐頭玉米放入
   碗中，倒入醬料抓捏拌勻。

COOKING TIP

隔天若沙拉變乾，加入 1/2 大匙的美
乃滋與 1/2 小匙的檸檬汁拌勻即可。

涼拌蒟蒻

蒟蒻 100g、小黃瓜 1/6 根（5cm）、
洋蔥 1/6 顆、蟹肉棒 2 根、美乃滋 2 大匙、
砂糖 1/2 小匙、檸檬汁 1/2 小匙、
食醋 1/2 大匙（汆燙用）

1. 將蒟蒻放入加了食醋的滾水中，汆燙 2 分鐘
   左右撈出，在冷水中漂洗後、瀝除水份。
2. 小黃瓜的外皮刨下，僅將瓜皮的部份切成
   絲，洋蔥切成寬幅 0.5cm 左右的細絲狀。
3. 蟹肉棒切成長度 5cm 左右後撕成細絲狀。
4. 將汆燙好的蒟蒻、小黃瓜絲、洋蔥、蟹肉
   條、美乃滋、砂糖與檸檬汁放入碗中，抓捏
   拌勻。

COOKING TIP

汆燙蒟蒻時，一定要加入食醋才能除
去蒟蒻特有的味道。

涼拌小白菜

小白菜 150g、韓式味噌 1/2 大匙、蒜末 1 小匙、
香油 1/2 小匙、芝麻些許、粗鹽些許

1. 將小白菜的尾端切除、整理爛掉的部份後，
   將白菜一葉一葉清洗乾淨。
2. 將小白菜放入加了粗鹽的熱水中汆燙，燙至
   菜莖變軟，約 1 分鐘左右。
3. 將汆燙過的小白菜放入冷水中快速漂洗、瀝
   除水份後，切成葉片約 4cm 左右的大小。
4. 將小白菜放入碗中，再放入醬油、韓式味
   噌、香油與芝麻抓捏拌勻。

COOKING TIP

小白菜生拌最好吃了。將 2 大匙的辣
椒粉、2 大匙醬油、1 大匙魚露、1
大匙青梅汁與 1 大匙蒜末拌勻調成拌
醬。

前一天晚上 15 分鐘的事前準備＋當天早上 20 分鐘的料理

製作輕食便當主菜 ① 人份

利用豆芽菜、豆腐與雞蛋製作出日常的便當菜色。將整理好的豆芽菜放入黑色塑膠袋中，密封後放入冰箱中冷藏，隔日早晨再進行料理。處理好的垂盆草也放入食物保鮮袋中放進冰箱中冷藏備用。

豆芽菜炒五花肉
前一天晚上 先將醬料材料攪拌均勻製作成醬料。

酪梨明太子魚卵拌飯
前一天晚上 先利用刀子將醬明太子魚卵醬的外皮與內部分開。

麻婆豆腐
前一天晚上 先將豆腐切成四邊 1cm 左右的丁塊後汆燙、瀝除水份。

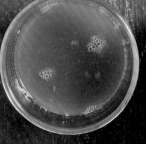

垂盆草蛋卷
前一天晚上 先將垂盆草清理乾淨，雞蛋分成蛋白與蛋黃。

豆腐泡菜
前一天晚上 先將泡菜與洋蔥切成合適的大小備用。

146

一週的 5 道主菜

可以當作湯品享用的豆芽菜料理

豆芽菜炒五花肉
••••••••••••••••••••••••••••••

豆芽菜 2 把（100g）、五花肉薄片 150g、
洋蔥 1/6 顆、大蔥 5cm

醬料 陳年醬油 2 大匙、辣椒粉 2 大匙、
辣椒醬 2 大匙、砂糖 1 大匙、清酒 1/2 大匙、
青梅汁 1/2 大匙、蒜末 1/2 大匙

前一天晚上（1～3）

1. 將豆芽菜的根部整理乾淨後，放在流動的清水下清洗、過篩。
2. 洋蔥切成寬度 1cm 左右的絲狀，大蔥切成蔥花。
3. 將醬料材料全部攪拌均勻製作成醬料。
4. 將豆芽菜與❸的醬料放入碗中抓捏拌勻。
5. 將❹倒入鍋中，依序放入洋蔥絲與五花肉薄片。
6. 蓋上鍋蓋並以中火煮熟。
7. 當豆芽菜熟至某個程度後，放入大蔥一起拌炒，炒至完全熟透為止。

COOKING TIP

豆芽菜會出水，因此省略另外加水的動作

雖然很難想像煮湯怎麼會不需要額外加水，但即便不加水，豆芽菜依然會自行生出足夠的水份來。

三種食材擦撞出的火花

酪梨明太子魚卵拌飯

白飯 1 碗（200g）、酪梨 1/2 顆、
明太子魚卵 30g、雞蛋 1 顆、
食用油 1 大匙、香油 1 小匙、芝麻些許

前一天晚上（1～2）

1. 將明太子魚卵的尾端切除，並以刀背將明太子的外部與內部分離。
2. 將刀鋒插入至酪梨的種子處後繞轉一圈，將酪梨對半切開分成兩半。
3. 去除種子後，利用湯匙將酪梨的外皮與果肉分開。
4. 將酪梨的果肉切成寬幅 0.5cm 左右的半月形。
5. 在鍋子中倒入食用油，並以小火煎一顆荷包蛋。
6. 在碗中盛入白飯，將準備好的酪梨漂亮地排在白飯上，再放上明太子魚卵與雞蛋後，最後以香油和芝麻結尾。

―――――― COOKING TIP

在酪梨上淋上檸檬汁可以抑制氧化

酪梨很容易氧化。若在表面上淋上檸檬汁，可以降低酪梨氧化的程度。

不用擔心沒有配菜的人氣菜品

豆腐泡菜
· · · · · · · · · · · · · ·

豆腐 2/3 塊（200g）、酸泡菜 80g、
五花肉薄片 30g、洋蔥 1/8 顆、
砂糖 1 大匙、水 1 大匙、
辣椒粉 1/2 大匙、食用油 1/2 大匙、
香油 1 小匙

 ▶  ▶

前一天晚上（1～2）

1. 將豆腐按便當盒尺寸切成適當的大小。

2. 泡菜切成 3cm 左右，洋蔥切成寬幅 1cm 的絲狀。

3. 將切好的豆腐放入滾水中汆燙 2 分鐘左右。

4. 在鍋中倒入食用油，再放入泡菜、砂糖並以小火拌
   炒。

5. 將五花肉薄片放入另一個鍋子中烤。

6. 當豬肉半熟時，放入洋蔥絲與剛炒過的泡菜一起拌
   炒。

7. 當泡菜愈炒、顏色變得愈淡時，放入辣椒粉與水一
   起炒至喜歡的口感出現。

8. 將火候稍微調小，撒上香油收尾。

COOKING TIP

**也可以使用鮪魚代替五花
肉，一樣好吃喔**

在炒泡菜中加入瀝除油份的鮪
魚也一樣可口。但若加入過多
的鮪魚會搶掉泡菜的風味，因
此放入約泡菜 1/3 左右的量即
可。

香辣滋味超下飯

麻婆豆腐

豆腐 1/3 塊（100g）、豬絞肉 50g、洋蔥 1/6 顆、
青陽辣椒 1/2 根、紅辣椒 1/2 根、大蔥 5cm、
辣椒粉 2 大匙、食用油 1 大匙、蒜末 1/2 大匙、水 1 杯
醬料 醬油 1 又 1/2 大匙、蠔油 1 大匙、辣椒醬 1 大匙、
砂糖 1 大匙、韓式味噌醬 1/2 大匙、胡椒粉些許
勾芡水 太白粉 1/2 大匙、水 1 大匙

前一天晚上（1～4）

1. 將豆腐切成各邊 1cm 左右的塊狀，大蔥切成蔥花。
2. 將洋蔥切成 0.5cm 左右的丁狀。青陽辣椒與紅辣椒切成辣椒末。
3. 將水與塊狀豆腐放入鍋中煮，當水沸騰後，再多煮 1 分鐘後撈起瀝除水份。
4. 將醬料材料攪拌均勻製作成醬料。
5. 在熱鍋中倒入食用油，放入蔥花與蒜末並以中火爆香，最後放入洋蔥一起拌炒。
6. 當洋蔥變透明時，放入豬絞肉與辣椒粉一起拌炒。
7. 放入汆燙好的豆腐、青陽辣椒、紅辣椒、醬料與水一起拌炒。
8. 當醬汁咕嚕咕嚕沸騰時，倒入勾芡水成勾芡狀。

COOKING TIP

放入豆瓣醬味道也很好

利用豆瓣醬來製作麻婆豆腐也很美味喔。將 2 大匙豆瓣醬、1 大匙蠔油、1 大匙辣椒粉、1 大匙料酒、1 大匙砂糖攪拌均勻即可。

染成綠色的雞蛋
垂盆草蛋卷
·················

垂盆草 1/2 把（15g）、雞蛋 7 顆、食用油 1 大匙、鹽巴些許

前一天晚上（1～3）

COOKING TIP

1. 只摘下垂盆草的葉子，並將 3 顆雞蛋的蛋黃和蛋白分開來備用。

2. 將剩下的 4 顆雞蛋加入鹽巴，攪拌均勻後過篩除去卵帶，倒入盛裝蛋黃的那一個碗中。

3. 將垂盆草的葉子清洗乾淨、去除水份後放入攪拌機和❶的蛋白一起攪拌。

4. 在餐巾紙上抹上食用油後均勻地擦在鍋面。

5. 倒一層薄薄的❸蛋液至鍋子中，並以小火慢慢煎熟，當正面稍微熟了之後捲起放置鍋子邊緣處。

6. 再一次利用餐巾紙在鍋面抹上食用油，倒入剩餘的❸製作出卷狀。

7. 將❸全部捲好擺放在鍋子邊緣處後，在鍋子剩餘的空間處，以反覆❺的過程以❷的蛋液完成蛋卷。

8. 在溫熱的狀態下，用壽司捲簾將蛋卷捲成方形模樣。

也可以活用菠菜或海藻來替代垂盆草染色

垂盆草的產季在春天，因此在其他季節不易採買。此時可以考慮使用菠菜或海藻染色。

星期一
Monday

白飯 ○

豆芽菜炒五花肉 ○○○

涼拌蕨菜 ○
通心麵沙拉 ○ ○○
涼拌垂盆草 ○

重口味 VS 清淡口味
星期一的色彩平衡

今日的便當	**第一盒　白飯**
	第二盒　豆芽菜炒五花肉
	第三盒　涼拌蕨菜＋通心麵沙拉＋涼拌垂盆草

還留有週末餘韻的星期一，就以辣中帶甜的菜單開始新的一週吧。今天將使用價格低廉、含有豐富纖維素的人氣豆芽菜製作出特色風味料理。在使用豆芽菜與五花肉炒出來的這道菜色中，豆芽菜的清脆口感與美味的五花肉，經由辣中帶甜的醬料巧妙融合後，味道的層次更深了。

豆芽菜不僅熱量低，其中所含的精氨基琥珀酸對疲勞恢復與解除宿醉很有效果，因此很適合用來對付星期日堆積的疲憊感。主菜選擇了口味較重的菜色，因此搭配了能緩解口氣的清爽涼拌拌蕨菜與通心麵沙拉當做配菜。

TIP 包裝成一盒的便當
將白飯與醬料較少的涼拌蕨菜擺放在一起，在剩餘的空格中裝入拌有醬料的配菜。

星期二
Tuesday

酪梨明太魚子拌飯 ○○ ○

涼拌蒟蒻 ○○○
涼拌蕨菜 ○
葡萄柚 ○

酪梨愛心
傳達愛意的便當

今日的便當	第一盒　酪梨明太魚子拌飯
	第二盒　涼拌蒟蒻＋涼拌蕨菜＋葡萄柚

含有豐富的礦物質、維生素、不飽和脂肪酸的高人氣減肥食材酪梨，其容易塑型的特性經常被用來作為便當菜色。今天我們就要將酪梨製作成能傳達愛意的愛心。

將白飯盛放在便當盒中、擺上花形煎蛋後，再將今日主角的酪梨切成薄片、裝飾成漂亮的愛心形狀擺放在最上方，最後在中間蛋黃處擺滿明太魚魚卵，那麼酪梨明太魚子拌飯就閃亮登場了。口味的鹹淡請依據魚卵的量做調整。

TIP 包裝成一盒的便當
將酪梨擺放在便當盒的最邊緣處，
並以疊上煎蛋的白飯和配菜固定。

星期三
Wednesday

微笑起司飯 ○ ○

豆腐泡菜 ○○○○

涼拌豆芽菜 ○○
涼拌垂盆草 ○
通心麵沙拉 ○ ○○

今天一整天也加油喔
微笑歡樂時光

今日的便當	第一盒	微笑起司飯
	第二盒	豆腐泡菜
	第三盒	涼拌豆芽菜＋涼拌垂盆草＋通心麵沙拉

豆子又被稱作是「土地裡的牛肉」。而在豆類食物中，又以黃豆製作而成的豆腐，被視為是最受歡迎的豆類加工產品。豆腐除了鈣質含量高、有助於骨骼健康外，還含有被稱作卵磷脂的養分，有助於頭腦發達。另外，豆腐中還含有對降低血液中膽固醇有益的成份，因此是我們家餐桌上經常出現的食材之一。

在一週中食慾很容易低下的星期三，就利用豆腐泡菜來補充營養吧。爽口的涼拌豆芽菜與美味的涼拌垂盆草，也是有助於恢復食慾的良品。在白飯上擺上一片起司，再利用海苔畫出笑容，傳達出了「今天也提起精神來吧」的鼓勵。

TIP 包裝成一盒的便當
擺進微笑起司飯後，再分別放入豆腐與炒泡菜。炒泡菜以保鮮膜包覆著可以避免湯汁溢出。

星期四
Thursday

毛豆飯 ○○

麻婆豆腐 ○○

涼拌小白菜 ○
涼拌蒟蒻 ○○○

拌入熱呼呼的飯中
利用豆腐製作的王道料理

今日的便當	第一盒　毛豆飯
	第二盒　麻婆豆腐
	第三盒　涼拌小白菜、涼拌蒟蒻

在家裡冰箱當中絕對不會缺席的食材中，豆腐就是其中一項。
煮湯、燒烤、燉煮等，料理豆腐的方式真的是無窮無盡。而筆
者最喜歡的豆腐料理，正是中國四川代表性菜餚的麻婆豆腐。
加入豬肉、辣椒與蔥爆炒出香氣，吃起來香辣帶勁。

將麻婆豆腐拌入熱騰騰的飯中，即便沒有小菜，也可以扒掉滿
滿一大碗飯。盛裝便當時，比起以蓋飯的方式盛入，將白飯與
麻婆豆腐區分開來各自放入會更合適。搭配的配菜是涼拌小白
菜與涼拌蒟蒻。

TIP 包裝成一盒的便當

利用涼拌小白菜做出間隔，並將
涼拌蒟蒻放入醬汁容器中。剩下
的空間則放入麻婆豆腐。

星期五
Friday

薑黃飯

垂盆草蛋卷　○

通心麵沙拉　○○○○
涼拌小白菜　○
涼拌豆芽菜　○○

蛋卷界的英雄
琳瑯滿目便當中的閃亮之星

今日的便當	第一盒	薑黃飯
	第二盒	垂盆草蛋卷
	第三盒	通心麵沙拉＋涼拌小白菜＋涼拌豆芽菜

我們家中最常將健康食品的雞蛋製做成雞蛋卷來享用。若每次都做一樣的料理也會感到厭倦吧。多動動腦筋，不難發現蛋卷的做法各色各樣，又一種蛋卷出世了。

製作垂盆草蛋卷時，重點在於將垂盆草與蛋白混在一起染色，因此也可以利用其他材料代替垂盆草，按造個人喜好變換顏色。盛裝便當時，花花綠綠的色彩顯盡了視覺效果。將通心麵沙拉、爽口的涼拌小白菜與涼拌豆芽菜一併放入便當盒中吧。

TIP 包裝成一盒的便當

在便當盒中鋪上芝麻葉後，再盛入米飯做出間隔。剩下的空間分別放入其他菜品。

7+WEEK

速食便當
速食食品

周末總是特別忙碌吧，更別說大型超市了，
就連家裡附近超市的關門時間都很容易錯過的周末。
這個時候，就準備速食便當吧！
放在廚房某個地方的午餐肉、鮪魚罐頭與存放在冷凍庫的冷凍食品，
通通都成了速食便當的核心食材。這週是在家裡製作的便利商店便當。

星期一	糖醋餃子＋泡菜炒鮪魚＋藍莓
星期二	豬排蓋飯＋卷心菜沙拉＋辣炒魚板＋藍莓
星期三	日式香鬆飯＋酥炸午餐肉＋心型蟹肉煎餅＋泡菜炒鮪魚＋歐姆蛋
星期四	鷹嘴豆飯＋辣炒紫菜卷年糕＋歐姆蛋＋心型蟹肉煎餅
星期五	綠球藻飯＋鑫鑫腸炒時蔬＋辣炒魚板＋卷心菜沙拉＋拌紫菜

星期日的午後
採買

速食便當的核心材料通通都可以在便利商店輕易買到。一般都是到了萬不得已的情況才會在便利商店採買食材吧。那麼我們就先從存放在家裡的食材運用起來吧。

Shopping list

核心食材：漢堡肉一盒（200g）、鮪魚罐頭 1/2 罐（40g）、火腿 1 袋（20～25 根）、魚板 100g、冷凍豬排 1 片、冷凍紫菜卷 8 條、冷凍水餃 15 顆

蔬菜&水果：白菜絲 80g、藍莓 50g、鳳梨 20g、洋蔥 1 顆、紅色甜椒 1 顆、黃色甜椒 1 顆

其他：酸泡菜 100g、蟹肉棒 6 根、雞蛋 6 顆、年糕 1 條、調味海苔 4 袋、麵粉適量、麵包粉適量

醬料：蠔油、酸黃瓜末、檸檬汁、美乃滋、青梅汁、黃芥末醬、牛奶、辣醬、番茄醬

整理

卷心菜沙拉

辣炒魚板

泡菜炒鮪魚

豬排蓋飯

心型蟹肉煎餅

歐姆蛋

拌紫菜

蟲鑫腸炒時蔬

酥炸午餐肉

糖醋餃子

辣炒紫菜卷年糕

速食食品在料理前的階段是很重要的。得預先過篩或在滾水中汆燙洗掉油份與鹽份。為了要在早上能即時使用冷凍食品，請在前一天預先將冷凍食品換到冷藏冰箱存放。這些都是料理出好滋味的祕訣。

How to List

〔配菜食材整理〕

1 將卷心菜沙拉與歐姆蛋的所有材料先切好。
2 將鮪魚過篩瀝除油份。
3 將魚板在滾燙的熱水中汆燙後，切成方便食用的大小。
4 將甜椒橫向對半切成 2 等份。
5 把調味海苔放入食物保鮮袋捏成碎狀。

〔主菜食材整理〕

1 將冷凍豬排、冷凍紫菜卷、冷凍水餃全移至冷藏解凍。
2 在香腸劃幾刀。將午餐肉切成 3 等份。
3 將炒香腸的蔬菜與糖醋用的蔬菜切成方形丁塊。把蓋飯用蔬菜切成細絲。

星期日晚上 1 小時

製作快速便當的配菜 2人份

魚板和蟹肉棒、香腸……是家裡絕對不會落下的食材。雖然不是精緻的食材，但用作為便當菜也不會有違和感。請利用熱炒、涼拌、煎餅的料理方式來準備菜品吧。

心型蟹肉煎餅

拌紫菜

卷心菜沙拉

泡菜炒鮪魚

歐姆蛋

辣炒魚板

彩色配菜6道

歐姆蛋

雞蛋 3 顆、洋蔥 1/8 顆、紅色甜椒 1/8 顆、
鑫鑫腸 2 根、食用油 2 大匙、牛奶 1 大匙、
鹽巴 1 小撮

1. 將雞蛋與牛奶、鹽巴放入碗中攪拌均勻後，
   過篩去除卵帶。
2. 將洋蔥、甜椒和香腸切成小丁塊。
3. 食用油倒入鍋中，待鍋熱了之後，放入切好
   的❷並以中火拌炒。
4. 當蔬菜煮至半熟時轉成小火，將❶的蛋液全
   部倒入。
5. 當雞蛋變地又軟又滑時，以筷子如劃圓般攪
   拌。
6. 當雞蛋開始成糰時，將鍋子傾斜 45 度往一
   側卷起，製作成橄欖球的形狀。

COOKING TIP

蔬菜量若過多會不易抓出歐姆蛋的外
型，請稍微控制蔬菜的用量。

COOKING TIP

固定蟹肉棒的心型時，可妥善利用竹
籤。

心型蟹肉煎餅

蟹肉棒 5 根、雞蛋 1 顆、青蔥 1 根、
食用油 3 大匙、鹽巴 1 小撮

1. 將蟹肉棒直向對切分成兩等份。將青蔥切成
   蔥花。
2. 在切成兩半的蟹肉棒上插入竹籤做出心型的
   模樣。
3. 將雞蛋、蔥花和鹽巴攪拌製作成蛋液。
4. 在熱鍋中倒入食用油，開小火後放入❷的心
   型蟹肉棒。
5. 舀一匙蛋液放入❹的愛心空間中。
6. 當上方的蛋液開始出現透明的薄膜時，翻面
   再等 30 秒左右。

辣炒魚板

魚板 100g、洋蔥 1/6 顆、食用油 1 大匙、
辣椒醬 1/2 大匙、醬油 1/2 大匙、
糖漿 1/2 大匙、寡糖糖漿 1/2 大匙、
蒜末 1/2 大匙、香油 1/2 小匙

1. 將魚板放入熱水中汆燙後，切成 6×1cm 左
   右的大小。
2. 把洋蔥切成寬幅 0.5cm 的絲狀。
3. 在熱鍋中倒入食用油，放入準備好的魚板與
   洋蔥，以中火拌炒。
4. 當洋蔥變透明時，將剩下的所有食材全部放
   入鍋子中拌炒。

COOKING TIP

也可試著更換醬料來製作醬油炒魚
板。使用釀造醬油 1 大匙、蠔油 1/2
大匙、料酒 1/2 大匙、砂糖 1/2 大
匙、糖漿 1/2 大匙、香油 1 小匙製作
成醬油醬汁。

泡菜炒鮪魚

鮪魚 1/2 罐（40g）、酸泡菜 100g、
食用油 1 大匙、水 1 大匙、辣椒粉 1/2 大匙、
砂糖 1/2 大匙、香油 1/2 大匙

1. 將鮪魚過篩把油份瀝除掉一半。
2. 將泡菜的硬梗切除後，切成寬幅 2cm 左右
   的大小。
3. 在鍋子中倒入食用油後，放入準備好的酸泡
   菜和砂糖，以中火拌炒。
4. 當❸的泡菜顏色變深時，放入❶的鮪魚與辣
   椒粉一起拌炒。
5. 放入 1 大匙的水，將泡菜炒至喜歡的口感。
6. 炒好後，倒入香油再拌炒 10 秒鐘收尾。

COOKING TIP

若是要做給孩子們吃，那麼請先將泡
菜以水洗過一遍，並且將醬料材料中
的辣椒粉拿掉。

拌紫菜

紫菜 4 袋、調味醬油 1 大匙、寡糖糖漿 1 大匙、
香油 1 大匙

1. 將紫菜搖晃 2～3 次、抖落鹽巴後，放入食
   品用塑膠袋捏碎。
2. 將調味醬油、寡糖糖漿和香油放入碗中攪拌
   均勻。
3. 將❷的調味醬稍微放入一些些至❶中，拌和
   在一起。
4. 亦可以依據個人喜好加入蔥花或堅果。

COOKING TIP

將生紫菜放入沒有油的鍋中乾烤後，
拌上醬料也一樣好吃。這時需要使用
一小撮鹽巴調味。

卷心菜沙拉

高麗菜絲 80g、紅色甜椒 1/6 顆、
黃色甜椒 1/6 顆、洋蔥 1/6 顆、蟹肉棒 1 根
醬料 美乃滋 2 大匙、黃芥末醬 1 小匙、
檸檬汁 1/2 小匙、砂糖 1/2 小匙、辣椒粉些許

1. 把高麗菜切成寬幅 2cm 的絲狀後，放入涼
   水中漂洗乾淨、瀝除水份。
2. 將甜椒、洋蔥與蟹肉棒切成四邊各 1cm 的
   大小。
3. 將醬料材料全部攪拌均勻製作成醬汁。
4. 將準備好的高麗菜、甜椒、洋蔥、蟹肉棒通
   通放入容器中並淋上醬汁。

COOKING TIP

將卷心菜沙拉夾入餐包中，那麼類似
三明治的感覺就出現了。

製作速食便當的主菜 (1人份)

冷凍食品、加工食品大部份皆呈現半處理過的狀態，因此所需料理的時間很短。只要在前一天晚上解凍，當日早上拿出來快炒或烤一會即可。速食品多少較為油膩，需在去除油脂上多費心思。

辣炒紫菜卷年糕
〔前一天晚上〕先將冷凍紫菜卷解凍，年糕切好備用，醬汁調配好。

鑫鑫腸炒時蔬
〔前一天晚上〕先在香腸上畫出刀痕，蔬菜切好備用。

酥炸午餐肉
〔前一天晚上〕先準備好麵衣，並讓午餐肉裹上麵衣。

炸豬排蓋飯
〔前一天晚上〕先製做好高湯與醬料，讓冷凍炸豬排解凍。

糖醋餃子
〔前一天晚上〕先放冷藏讓冷凍水餃自然解凍。

一週的 5 道主菜

冷凍水餃化身的糖醋料理

糖醋餃子
. . . .

冷凍水餃 15 顆、鳳梨 20g、洋蔥 1/6 顆、
紅色甜椒 1/6 顆、食用油 1/2 杯
糖醋醬料 砂糖 4 大匙、醬油 2 大匙、
食醋 2 大匙、水 1 杯
勾芡 太白粉 1/2 大匙、水 1 大匙

 ▶  ▶

 ▶  ▶

前一天晚上（1～3）

1. 在前一天晚上，將冷凍水餃移到冰箱冷藏中解凍。
2. 將鳳梨、洋蔥與甜椒切成四邊各 2cm 左右的丁塊。
3. 製作勾芡水，將糖醋材料攪拌均勻製作成糖醋醬。
4. 在鍋子中倒入食用油，當油熱之後，放入水餃煎到水餃呈現金黃焦脆樣。
5. 在熱鍋中倒入食用油，放入❷的水果與蔬菜拌炒。
6. 當洋蔥呈現透明時，放入糖醋醬料，並以中火煮滾。
7. 沸騰了之後，放入一些預先準備好的勾芡來調整濃稠度、完成糖醋醬，淋在煎好的水餃上。

COOKING TIP

冷凍水餃需要以小火炸

若想要馬上油煎剛解凍的水餃，那麼油量一定得充足。當熱鍋中的油熱了之後，將大火稍微調整成小火，接著放入一顆一顆的水餃並慢慢地翻動正反面讓水餃煎熟。

酥脆又柔嫩的
炸豬排蓋飯
· · · · · · · · · · · · ·

白飯 1 碗（200g）、冷凍炸豬排 1 塊、雞蛋 1 顆、洋蔥 1/6 顆、食用油 2 杯
醬料 日式鰹魚醬油 1/4 杯、砂糖 1 大匙、水 1/2 杯

前一天晚上（1～2）

1. 在前一天晚上，先將冷凍炸豬排移到冰箱冷藏中解凍。
2. 將洋蔥切成寬幅 0.5cm 左右的絲狀。
3. 在鍋子中倒入食用油，開火並等到木筷放入熱鍋中會冒出小泡泡時，放入❶的炸豬排入鍋油炸。
4. 將豬排炸至呈現焦黃色，在豬排上擺上餐巾紙吸除油份，並切成寬幅 2cm 左右的長條狀。
5. 將水、日式鰹魚醬油、砂糖、洋蔥絲放入鍋子中一起煮滾。
6. 當湯汁沸騰，以旋轉的方式倒入蛋液、並使用筷子攪拌，關火讓蛋液透過殘餘的溫度溫熟。
7. 將白飯盛入碗中，豬排擺蓋在白飯中間，最後淋上醬汁。

COOKING TIP

若沒有日式鰹魚醬油～

若家裡沒有日式醬油，請利用醬油 3 大匙、砂糖 1 大匙、水 7 大匙攪拌均勻，製作成蓋飯的醬汁。

以炸物展現出午餐肉的魅力
酥炸午餐肉
· · · · · · · · · · · · · · ·

午餐肉 200g、雞蛋 1 顆、
麵粉 1/2 杯、麵包粉 1 杯、
食用油 2 杯
塔塔醬 美乃滋 2 大匙、
洋蔥末 1/2 大匙、醃黃瓜末 1/2 大匙、
黃芥末醬 1 小匙、蜂蜜 1 小匙、
檸檬汁 1/2 小匙、西洋芹些許

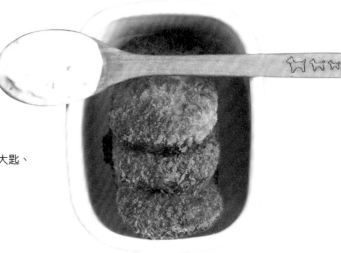

 ▶  ▶

前一天晚上（1～4）

1. 從罐頭中取出午餐肉，將午餐肉立起切成 3 等份。
2. 將雞蛋打勻製作成蛋液。
3. 將❶的午餐肉依序裹上麵粉、蛋液、麵包粉。
4. 將塔塔醬材料攪拌均勻製作成塔塔醬。
5. 在鍋子中倒入食用油，待油熱了之後，放入一點點麵包粉，若麵包粉浮起來代表油溫已經可以了，放入❸下去酥炸。
6. 當午餐肉炸得金黃酥脆時，使用網篩撈起放涼，待午餐肉放涼後進行第二次油炸，最後淋上塔塔醬。

COOKING TIP

與任何醬料都很般配

炸午餐肉與炸豬排醬、黃芥末醬等醬料搭配起來都很合適。除了準備的醬料之外，也可嘗試著搭配其他各種醬料。

紫菜卷與年糕的相遇

辣炒紫菜卷年糕

· · · · · · · · · · · · · · · ·

冷凍紫菜卷8個、年糕1條、食用油2杯
醬料 水2大匙、糖漿1大匙、辣椒醬1大匙、
番茄醬1大匙、醬油1大匙、砂糖1/2大匙、
蒜末1/2大匙

 →  →  →

前一天晚上（1～3）

1. 在前一天晚上，將冷凍紫菜卷移至冰箱的冷藏室。
2. 將年糕切成2cm左右的塊狀。
3. 將醬料材料攪拌均勻製作成醬料。
4. 在鍋子中倒入食用油，待油熱了之後，放入紫菜卷與年糕，並以中火炸至酥脆。
5. 在另一個鍋子中放入❸的醬料，以小火煮滾。
6. 將炸好的紫菜卷和年糕放入醬料中，並以小火拌煮10秒鐘左右。

COOKING TIP

先炸過一次，再放入醬汁中才會酥脆

請不要一開始就將紫菜卷或年糕放入醬料中拌煮。務必要先炸過一次後，再放入醬料中才能維持酥脆度。

透過番茄醬與辣醬呈現出鑫鑫腸的美味

鑫鑫腸炒時蔬
• • • • • • • • • • • • • • • • • • • •

鑫鑫腸 20 個、紅色甜椒 1/6 顆、
黃色甜椒 1/6 顆、洋蔥 1/6 顆、
番茄醬 2 大匙、寡糖糖漿 1 大匙、
食用油 1 大匙、蠔油 1/2 大匙、
辣醬 1/2 小匙

 ▶  ▶

 ▶  ▶

前一天晚上（1～3）

1. 將甜椒與洋蔥切成四邊各 2cm 的大小。
2. 利用水果刀在鑫鑫腸上畫出幾道細細的刀痕。
3. 將畫上刀痕的鑫鑫腸，放入滾燙熱水中汆燙 30 秒。
4. 在熱鍋中倒入食用油，放入甜椒與洋蔥，並以中火拌炒。
5. 當洋蔥呈現透明時，放入汆燙過的鑫鑫腸、番茄醬、寡糖糖漿、蠔油、辣醬，以中火再拌炒一次。

COOKING TIP

以 45 度的傾斜度在香腸上畫出刀痕

想要在香腸上畫出刀痕，以水果刀傾斜 45 度畫出刀痕最為合適。畫上刀痕後的香腸在熱水中汆燙，外型才會漂亮。

星期一
Monday

糖醋餃子 〇〇⦿〇

泡菜炒鮪魚 〇
藍莓 〇

彷彿吃麵點般
超簡單糖醋套餐

今日的便當	**第一盒＋第二盒　糖醋餃子**
	第三盒　泡菜炒鮪魚＋藍莓

鍋貼、泡菜水餃、菜包、水餃、餛飩……每個家庭的冰箱冷凍庫中至少會準備一種冷凍餃類吧，當然我們家也不例外。在各種餃類食品中，最喜歡將水餃製作成糖醋水餃來食用。可以一口放進嘴中的水餃大小吃起來也很方便。

配著酸酸甜甜的糖醋醬汁一起吃，別說是正餐了，做為孩子們的點心也很合適。若覺得點一份糖醋肉外賣很有負擔時，強力推薦此道料理。將水餃加入糖醋醬汁一起吃、或沾著醬料吃都很美味。配菜選擇的是可以降低糖醋餃子油膩感的泡菜炒鮪魚，甜點搭配的是藍莓。

TIP 包裝成一盒的便當
利用烘焙紙包住煎好的水餃，並使用 2 個容器分別裝入糖醋醬與甜點。

星期二
Tuesday

豬排蓋飯 ●○○

卷心菜沙拉 ●○
辣炒魚板 ○
藍莓 ○

酥脆多汁
滿滿一大碗的厚實蓋飯

今日的便當	第一盒　豬排蓋飯
	第二盒　卷心菜沙拉＋辣炒魚板＋藍莓

總是對酥脆的炸豬排有種特殊的執著，在偶然的機會下嘗到了日式炸豬排蓋飯後，從此墜入了其酥脆又多汁的美味而無法忘懷。之後每每到日本旅行，享用著日式炸豬排時總會忍不住讚嘆又讚嘆。滑嫩蛋液加上微鹹醬汁拌飯，入口即化的美妙，令人垂涎三尺。每當懷念起那個味道，就會動手製作此道料理。

在準備炸豬排蓋飯的日子，請準備寬敞的間隔式便當盒。將白飯盛放在便當盒裡，擺上切成方便入口的炸豬排，最後將打上蛋液的醬油醬汁鋪排在便當邊緣處。準備的配菜是與蓋飯很般搭的清爽卷心菜沙拉、辣炒魚板和酸酸甜甜的藍莓。

TIP 包裝成一盒的便當

在打包有醬料的日式料理與配菜時，
請多加活用烘焙紙與醬料容器。

星期三
Wednesday

日式香鬆飯 ◯　◯

酥炸午餐肉
塔塔醬 ◯◯◯

心型蟹肉煎餅 ◯
泡菜炒鮪魚 ◯
歐姆蛋 ◯

一條蟹肉棒就能帶來幸福的
怦然心跳甜蜜便當

今日的便當	第一盒　日式香鬆飯
	第二盒　酥炸午餐肉＋塔塔醬
	第三盒　心型蟹肉煎餅＋泡菜炒鮪魚＋歐姆蛋

若帶便當的當天是節日，那麼千萬別忘記將禮物裝入便當的午餐肉便當套組。並非特殊的料理方法，只是在平常乾煎的烹調過程中領悟出的午餐肉豬排新吃法而已。僅僅是裹上麵衣後，放入熱油中酥炸，味道卻出奇地美味，當下酒菜也很適合。

酥炸午餐肉雖然適合沾著番茄醬或黃芥末醬一起吃，不過今天準備的是塔塔醬。在白飯上撒上日式香鬆，心型蟹肉煎餅與泡菜炒鮪魚、歐姆蛋也一起裝入便當盒中。如同愛情訊號的撒嬌心型蟹肉煎餅，將一整週的疲勞通通趕走了。

TIP 包裝成一盒的便當

在白飯上撒上日式香鬆，利用炸得酥脆的午餐肉當作間隔立在便當盒中。將心型蟹肉煎餅擺放在米飯上作為裝飾。

星期四
Thursday

鷹嘴豆飯 ◉

辣炒紫菜卷年糕 ○

歐姆蛋 ○
心型蟹肉煎餅 ○

等待週末的美味
特別的創意串烤菜單

今日的便當　　　第一盒　鷹嘴豆飯
　　　　　　　　第二盒　辣炒紫菜卷年糕
　　　　　　　　第三盒　歐姆蛋＋心型蟹肉煎餅

最近韓國的高速公路休息站很流行「鑫年」這類型的菜色。鑫年指的是「鑫鑫腸-年糕-鑫鑫腸-年糕」的縮寫，也就是將鑫鑫腸和年糕串在一起做成烤串。另外也有其他類似的美味串烤，如「紫年」。

將紫菜飯卷與年糕一個個插入竹籤中，並放入甜甜辣辣的醬料中調味，當紫菜卷內部浸入了辣甜醬汁後更讓人食指大動了。一同準備的配菜還有心型蟹肉煎餅與歐姆蛋。特別將歐姆蛋煎得像飯店提供的早餐般，吃著這裝在便當盒中的歐姆蛋，有種彷彿坐在飯店享用早餐的美好錯覺。

TIP 包裝成一盒的便當
依序將白飯、心型蟹肉煎餅、紫菜飯卷擺入懷舊的便當盒中。

星期五
Friday

綠球藻飯 ○○

鑫鑫腸炒時蔬 ○○

辣炒魚板 ○
卷心菜沙拉 ○ ○
拌紫菜 ○

超受歡迎菜單登場
人氣 NO.1 便當

今日的便當　　第一盒　**綠球藻飯**

第二盒　**鑫鑫腸炒時蔬**

第三盒　**辣炒魚板＋卷心菜沙拉＋拌紫菜**

在本人最喜愛、最有自信的食譜當中，其中有一項就是鑫鑫腸炒時蔬了。這是一道從幼童到大人都會喜歡的菜品，本道菜品也是在介紹三盒式便當食譜中最被常讀者表示「我喜歡」的高人氣菜餚。儘管是一道家常菜，但若要說有什麼技巧的話，應該就是在鑫鑫腸上畫上「許多道刀痕」了吧。利用番茄醬和辣醬製作的醬汁中和掉了鑫鑫腸的油膩感。使用綠球藻染成的米飯也很別緻。

TIP 包裝成一盒的便當

將鑫鑫腸橫擺在便當盒中間區分
出空間，右邊盛入米飯、左邊依
序擺入配菜。

8+WEEK

特色便當

麵包、麵條

有時候總會有便當食譜「就只有這些了、這樣了」的想法，對吧。
當這些想法出現時，旅行時所品嘗到的各種飲食也會同時浮出來吧。
就將記憶中的那個「味道」放入便當盒中吧。
接著要介紹的是本人最喜歡的食譜。

星期一	舀著吃的披薩＋酸黃瓜＋拔絲地瓜＋蟹肉沙拉
星期二	墨西哥牛肉捲餅＋ 梨塔塔醬＋酸奶油＋莎莎醬
星期三	蕎麥冷麵＋拔絲地瓜＋韓式涼拌梔子蘿蔔＋奇異果
星期四	烏龍麵沙拉＋韓式甜辣雞米花＋涼拌梔子醃蘿蔔＋青醬義大利麵
星期五	玉子三明治＋青醬義大利麵＋蟹肉棒沙拉＋酸黃瓜＋韓式甜辣雞米花

採買

特色食譜的採買核心食材是麵包與麵條，配菜也是義大利麵、沙拉、醃漬小菜等。
平時買來做為點心的食材，在本週將被用來當作主要食材。各種醬料所需使用到的
材料也是採買品項之一。

Shopping List

核心食材：麵包 4 片、蕎麥麵 130g、烏龍麵 1 包、螺旋義大利麵 150g、墨西哥玉米餅 2 張

蔬菜：地瓜 100g、萵苣 1/4 顆、白蘿蔔 20g、小黃瓜 1 根、洋蔥 1 顆、紅色甜椒 1 顆、黃色甜椒 1 顆、青椒 1 顆、青蔥 3 根、蒜頭 6 瓣、蘿蔔嬰些許

肉類&海鮮：牛橫膈膜肉 100g、冷凍蝦 12 隻

其他：花蟹肉棒 1 袋、梔子醃蘿蔔 1 包、冷凍雞米花 100g、莫札瑞拉起司 100g、維也納香腸 6 根、罐頭玉米 1 罐（200g）、雞蛋 6 顆、年糕 10cm、昆布 5×5cm 2 張、牛奶適量

醬料：柴魚、山葵、草莓醬、檸檬汁、美乃滋、黃芥末醬、青梅汁、羅勒青醬、奶油、酸奶油、辣醬、番茄醬、義式番茄醬、帕馬森起司粉、莫札瑞拉起司

整理

烏龍麵沙拉

冷蕎麥麵

青醬義大利麵

墨西哥牛肉捲餅

韓式涼拌梔子蘿蔔

韓式甜辣雞米花

酸黃瓜

拔絲地瓜

舀著吃的披薩

玉子三明治

蟹肉棒沙拉

在本週，煮麵是整理食材的必要過程。煮麵時，需要反覆幾次將麵放入滾燙熱水中、撈起，之後放入冰水中讓熱氣跑走，經過此道過程，麵才不會糊掉。若想要將烏龍麵、蕎麥麵等作為便當菜，建議當日早上再下麵。

How to List

〔配菜食材整理〕

1 將地瓜的外皮刨掉、切成丁塊後放入冷水中浸泡。

2 將冷凍的雞米花放到室溫中使其自然解凍。

3 將梔子蘿蔔清洗乾淨後瀝除水份。

4 螺旋義大利麵和蟹肉棒各自放入滾水中汆燙。

5 將小黃瓜清洗乾淨後，以波浪刀切出造型。

〔主菜食材整理〕

1 將已經除去血水的肉類醃漬，將冷凍蝦解凍。

2 在砧板上推磨蕎麥醬料所需使用的白蘿蔔。

3 切好製作披薩所需的香腸與蔬菜。

4 將要運用在三明治上的雞蛋除去卵帶、打成蛋液。

189

製作特色便當的配菜 **2 人份**

本週將製作料理手續不會過於複雜、味道也不會太強烈的菜餚。同樣也是適合用作為點心的好菜單。另外也準備了幾道預先製作好後，可以慢慢享用的儲存型配菜。

蟹肉棒沙拉

酸黃瓜

拔絲地瓜

韓式涼拌梔子蘿蔔

青醬義大利麵

韓式甜辣雞米花

○○○○○○

彩色配菜 6 道

拔絲地瓜

地瓜 200g、寡糖糖漿 2 大匙、砂糖 2 大匙、
水 1 大匙、食用油 2 杯

1. 將地瓜的外皮刨掉後，切成四邊各 2cm 左右的
   丁塊。
2. 將切成丁塊的地瓜浸泡在冷水中 5 分鐘、洗掉
   澱粉後，將餐巾紙鋪蓋在地瓜上方吸除水份。
3. 在鍋子中倒入食用油並熱鍋，放入❷的地瓜，
   以中火炸熟。
4. 在炸得金黃酥脆的地瓜上蓋上餐巾紙，吸掉多
   餘的油份。
5. 將寡糖糖漿、砂糖與水倒入另一個鍋子中，以
   小火邊攪拌邊煮滾。
6. 糖漿開始沸騰時關火，放入❹的炸地瓜拌勻。

COOKING TIP

將切成方便一口食用的地瓜抹上橄欖
油，放入以 2001C 預熱的烤箱中，前
後兩面各烤 10 分鐘，遂能享受到另
一種爽口的地瓜料理。

COOKING TIP

冷凍食品在炸之前，一定要先解凍後
再放入熱油中炸。倘若沒有預先解凍
就放入熱油中炸，炸物會吸入大量的
油份。

韓式甜辣雞米花

冷凍雞米花 100g、年糕 10cm、食用油 1 杯
醬料 番茄醬 2 大匙、水 2 大匙、糖漿 1 大匙、
蒜末 1 大匙、辣椒醬 1/2 大匙、砂糖 1/2 大匙

1. 將冷凍的雞米花靜置室溫下 10 分鐘，待其
   解凍。
2. 將年糕切成與雞米花差不多的大小。
3. 在熱鍋中倒入食用油，放入雞米花與年糕，
   並以中火炸得焦脆。
4. 將醬料材料攪拌均勻製作成醬料，讓醬料滾
   煮一次。
5. 將炸好的雞米花與年糕倒入醬料中，與醬料
   均勻拌和。

青醬義大利麵

螺旋義大利麵 150g、蒜頭 6 顆、
罐頭玉米 2/3 罐（100g）、
羅勒青醬 2 大匙、橄欖油 1 大匙、
粗鹽些許

1. 在滾水中倒入粗鹽，放入螺旋義大利麵，並
   以中火煮約 9 分鐘。
2. 將螺旋義大利麵熟後，過篩瀝除水份。
3. 將蒜頭切成蒜末，將罐頭玉米的水份瀝除。
4. 將橄欖油倒入熱鍋中，放入蒜末並以中火爆
   香。
5. 將煮熟的螺旋麵、罐頭玉米、青醬放入鍋
   中，以中火輕輕拌炒。

COOKING TIP

若覺得青醬的味道或香氣過重，那麼
可撒上些許帕馬森起司一起食用。

韓式涼拌梔子蘿蔔

梔子蘿蔔 1 袋（100g）、青蔥 3 根、
辣椒 1/2 大匙、砂糖 1 小匙、香油 1 小匙

1. 將梔子蘿蔔放在流動的清水中清洗 2～4 遍
   後瀝除水份。
2. 將青蔥切成寬幅 0.5cm 左右的蔥花。
3. 將瀝除水份的梔子蘿蔔與蔥花放入碗中，再
   放入辣椒粉、砂糖與香油抓捏拌勻。

COOKING TIP

若沒有梔子蘿蔔，也可以使用一般的
醃蘿蔔。味道上不會差異太大。

蟹肉棒沙拉

蟹肉棒 100g、罐頭玉米 1/3 罐（50g）、
粗鹽些許
醬汁 美乃滋 2 大匙、砂糖 1/2 大匙、
檸檬之 1 小匙、胡椒粉些許

1. 在滾水中倒入粗鹽，放入蟹肉汆燙約 30
   秒，將煮好的蟹肉棒撈起置入冷水中漂洗、
   去除水份。
2. 將罐頭玉米過篩、瀝除水份。
3. 將醬料材料通通放入碗中攪拌成醬汁。
4. 將瀝除水份的蟹肉與玉米放入❸中拌勻。

COOKING TIP

可以依據個人喜好加入洋蔥末或辣椒
粉。

酸黃瓜

白玉黃瓜 1 根、粗鹽 1 大匙
調和醋 水 1 杯、砂糖 1/2 杯、食醋 1/2 杯、
醃漬香料 1 大匙

1. 在鍋中注入 1/3 的水量，將玻璃瓶倒扣放入
   鍋中以熱水消毒，讓瓶子呈現乾燥的狀態。
2. 使用粗鹽在小黃瓜的表面處搓揉、清除刺
   根，以清水清洗乾淨。
3. 利用波浪刀將小黃瓜切成寬幅 1cm 左右的
   薄片。
4. 將調和醋材料放進鍋子中以大火煮至沸騰、
   冒出泡泡為止。
5. 將小黃瓜薄片放入消毒好的玻璃瓶中，再倒
   入❹的沸騰調合醋。
6. 放置在室溫中一天，隔天移至冰箱冷藏保
   管。

COOKING TIP

切小黃瓜時，若利用波浪刀更能顯現
出視覺上的效果。

前一天晚上 15 分鐘的事前準備＋當天早上 20 分鐘的料理

製作特色便當的主菜 1人份

利用像是在親子餐廳用餐時所看到的食譜準備一週的便當吧。是取代米飯的特色便當！從滑嫩的玉子三明治到會讓人會忍不住一口接著一口的披薩、令人大快朵頤的蕎麥冷麵與烏龍麵沙拉、厚實的墨西哥牛肉捲餅……，將走丟的食慾找回來的各種特色料理。

蕎麥冷麵
前一天晚上 先準備好利用柴魚製作而成的冷麵高湯。

玉子三明治
前一天晚上 先將雞蛋打散並加入料酒、醬油、砂糖和牛奶拌勻製作成蛋液。

舀著吃的披薩
前一天晚上 先將處理好的蔬菜炒過一次。

烏龍麵沙拉
前一天晚上 先將醬汁材料攪拌均勻製作成沙拉醬汁。

墨西哥牛肉捲餅
前一天晚上 先將蝦子放入鹽水中，讓蝦子自然解凍後醃漬。牛肉也先醃好。

一週的 **5** 道主菜

用湯匙就能簡單享用的

舀著吃披薩
· · · · · · · · · · · · · · · · · · ·

麵包 2 片、紅色甜椒 1/6 顆、青椒 1/6 顆、
維也納香腸 6 根、莫札瑞拉起司 100g、
罐頭玉米 1/3 罐（50g）、義式番茄醬 4 大匙、
食用油 1/2 大匙

 ▶

 ▶  ▶  ▶

前一天晚上（1～2）

1. 甜椒與青椒切成四邊個 0.5cm 左右的塊狀，香腸切成寬幅 1cm 左右的片狀。
2. 在熱鍋中倒入食用油，放入切好的甜椒與青椒、香腸一起拌炒。
3. 將吐司的吐司邊切除後，裁切成可以裝入便當盒的大小。
4. 在吐司上抹上義式番茄醬，在土司上鋪放已經瀝除水份的罐頭玉米、炒過的蔬菜與香腸。
5. 在❹的上方擺上莫札瑞拉起司，放入微波爐轉 1 分鐘、休息 30 秒後，再次放入微波爐讓起司能完全融化。

COOKING TIP

也很推薦使用地瓜或馬鈴薯，做為披薩的餅皮

使用地瓜或馬鈴薯做為披薩的餅皮也很好吃喔。這時請將地瓜或馬鈴薯煮熟、壓碎後放入。柔軟的口感與披薩很般搭。

依據個人喜好挑選著吃

墨西哥牛肉捲餅

墨西哥餅皮 2 張、冷凍蝦（大）6 隻、牛橫膈膜肉 100g、
紅色甜椒 1/6 顆、黃色甜椒 1/6 顆、洋蔥 1/6 顆、高麗菜 1/8 顆、
酸奶油 3 大匙、食用油 1/2 大匙、奶油 1/2 大匙、鹽巴些許、
胡椒粉些許

蝦子醃醬 料酒 1/2 小匙、胡椒粉些許
莎莎醬 切碎的番茄 4 大匙、洋蔥末 3 大匙、橄欖油 1 小匙、
砂糖 1 小匙、檸檬汁 1 小匙、辣醬 1 小匙、鹽巴些許、胡椒粉些許
塔塔醬 壓碎的酪梨 1/2 顆份量、切碎的番茄 3 大匙、洋蔥末 3 大匙、
檸檬汁 1/2 大匙、蒜末 1/2 小匙、鹽巴些許、胡椒粉些許

前一天晚上（1～3）

1. 冷凍蝦浸泡在水中解凍後，清洗乾淨並醃漬。
2. 利用餐巾紙吸除牛肉的血水後醃漬。
3. 甜椒與洋蔥切成寬幅 0.5cm 左右的塊狀，洋蔥切成
   1cm 左右的條狀。
4. 在溫度足夠高的熱鍋中放入醃好的牛肉燒烤。
5. 將奶油放入熱鍋中融化，放入醃好的蝦子烤，將烤
   熟的蝦子另外保管。
6. 在鍋子中倒入食用油、放入洋蔥爆香，當洋蔥呈現
   透明狀態時，放入甜椒、鹽巴與胡椒粉一併拌炒。
7. 將兩種醬料材料分別拌勻製作成莎莎醬與塔塔醬。
8. 將墨西哥餅皮擺入沒加油的乾鍋中，將餅皮正反兩
   面烤熟，在餅皮上擺入準備好的材料。
9. 挑選喜歡的醬料搭配著吃。

COOKING TIP

製作酸奶油醬料

在家也可以輕鬆製作酸奶油醬
料喔。將酸奶油 1/4 杯、原味
優格 1 又 2/3 大匙、檸檬汁 1
小匙攪拌均勻後放在室溫中發
酵 12 小時就可以使用了。

趕走倦怠的清爽美味
蕎麥冷麵
· · · · · · · · · · · · ·

蕎麥麵 1 把（130g）、白蘿蔔 20g、蘿蔔嬰些許、
芥末 1 小匙、粗鹽些許
冷高湯（柴魚） 醬油 1 杯、砂糖 3 又 1/2 大匙、
料酒 3 又 1/2 大匙、昆布 5x5cm 2 張、
柴魚 1/2 把、水適量

 ▶  ▶  ▶

前一天晚上（1～2）

1. 將醬油、砂糖、料酒、昆布、柴魚放入鍋子中滾煮
   製作成柴魚。以中火煮至沸騰後，轉成小火再滾煮
   3 分鐘左右，過篩瀝掉雜質後放涼。依據個人喜好
   加水，調整成符合自己口味的柴魚高湯備用。
2. 使用磨泥器將白蘿蔔磨成泥。蘿蔔泥的量也依個人
   喜好斟酌加入。
3. 在滾水中放入粗鹽、放入蕎麥麵煮 5 分鐘左右後，
   撈起麵條放入冰水中冰鎮後、過篩瀝除水份。
4. 將蕎麥麵與柴魚高湯分別放入便當盒中，在蕎麥麵
   的上方擺上一些芥末與蘿蔔泥、蘿蔔嬰裝飾。

COOKING TIP

柴魚和水的比例是 1：1.5

自己在家製作的柴魚以 1：1.5
的比例加水後使用。市售的柴
魚也請先確認好各家的濃度後
再行加水使用。

色彩繽紛的清爽義大利麵
烏龍麵沙拉
• • • • • • • • • • • • • • •

烏龍麵 1 袋、冷凍蝦（大）6 尾、高麗菜 1/8 顆、
紅色甜椒 1/6 顆、黃色甜椒 1/6 顆、奶油 1 大匙、
帕馬森起司粉 1/2 大匙、粗鹽些許、胡椒粉些許
東洋醬汁 醬油 2 大匙、橄欖油 2 大匙、砂糖 2 大匙、
食醋 1 大匙、料酒 1 大匙、蒜末 1 大匙

 ▶

 ▶  ▶

前一天晚上（1～3）

1. 將冷凍蝦先放入以粗鹽調配的鹽水中浸泡，待蝦子
   表面的冰塊融化後過篩，撒上胡椒粉醃漬 15 分鐘
   左右。
2. 將高麗菜一葉一葉摘下來，並在流動的水中清洗乾
   淨後，過篩瀝除水份。把甜椒切成細絲狀。
3. 將醬汁材料攪拌均勻製作成醬汁。
4. 在熱鍋中放入奶油融化，擺入醃好的蝦子烤。
5. 將烏龍麵放入滾燙的熱水中煮約 2 分鐘，過篩瀝除
   水份。
6. 將高麗菜與甜椒放入便當盒中、撒上帕馬森起司
   後，放入煮好的烏龍麵與烤熟的蝦子。醬汁另外盛
   裝在醬汁容器中。

COOKING TIP

搭配芝麻醬汁也一樣清爽

只要改變沙拉的醬汁，就能製
作出另一種口味的沙拉了。也
請試著挑戰芝麻醬汁。將美乃
滋 3 大匙、芝麻 2 大匙、洋蔥
1/8 顆。醬油 1 大匙、檸檬汁 1
大匙、砂糖 1/2 大匙、寡糖 1/2
大匙、香油 1 小匙放入攪拌機
中攪拌就完成了。

超乎想像的美味

玉子三明治
·····················

吐司 2 片、雞蛋 6 顆、牛奶 1/2 杯、
砂糖 2 大匙、料酒 1/2 大匙、醬油 1 小匙
醬料 黃芥末 1 大匙、草莓醬 1 大匙

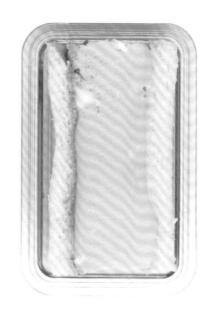

前一天晚上（1～3）

1. 將 6 顆蛋打入碗中並加入砂糖、料酒、醬油一起攪拌均勻，在蛋液中倒入牛奶並過篩瀝除卵帶。
2. 將吐司切成符合烤箱容器的大小，在碗的底部與旁邊輕輕鋪上烘焙紙，不要壓扁。
3. 將❶倒入❷中並往下輕輕摔，讓空氣排出。
4. 為了避免烤焦，在❸的上方鋪蓋上烘焙紙，放入以 1601C 預熱的烤箱中烤 40～50 分鐘左右。各家的烤箱的火候不同，因此請在中間過程確認狀況。
5. 將吐司去邊後，一邊抹上黃芥末醬、另一邊抹上草莓醬，並在兩片吐司中間夾入使用烤箱烤的雞蛋。

COOKING TIP

若沒有烤箱，也可以使用鍋子料理

蛋卷也可以利用鍋子完成。在已經抹上些許油的鍋中倒入準備好的一半份量蛋液，在小火中揮動讓蛋液滑至鍋子的一邊，再倒入另一半量的蛋液，對褶製作出方形的樣貌。反覆 2～3 次完成有份量感的蛋卷。

星期一
Monday

舀著吃的披薩 ○ ○ ○

酸黃瓜 ○
拔絲地瓜 ○
蟹肉沙拉 ○ ○ ○

透過便當享受
什錦披薩派對

| 今日的便當 | 第一盒＋第二盒　舀著吃的披薩 |
| | 第三盒　酸黃瓜、拔絲地瓜、蟹肉沙拉 |

平常喜愛的菜單中，其中一樣是披薩。從餡料到餅皮，任何種類的披薩都喜歡。只要是自己喜歡吃的食物都會想辦法放入便當盒中，基於此想法，舀著吃的披薩就這麼出現了。

主要是利用吐司作為披薩的基底，也可以利用蒸熟的地瓜泥。在吐司上塗抹番茄醬，並在上方鋪放豐盛的炒蔬菜，光看到已經垂涎欲滴了。依據個人喜好加上莫札瑞拉起司會更美味喔。也請準備與披薩很是對味的酸黃瓜、甜甜蜜蜜的拔絲地瓜與蟹肉沙拉也一併放入便當盒中。

TIP 包裝成一盒的便當
將舀著吃的披薩調整成可以裝入
便當盒的大小，利用酸黃瓜當成
間隔，放入其他的菜餚。

星期二
Tuesday

墨西哥牛肉捲餅 ○○○○

梨塔塔醬 ○
酸奶油 ○
莎莎醬 ○○

打開便當盒的那一瞬間
彷彿置身在親子餐廳

今日的便當	第一盒　墨西哥牛肉捲餅
	第二盒　梨塔塔醬＋酸奶油＋莎莎醬

光聽到名子就很激動的墨西哥代表性料理──墨西哥捲餅！將西班牙語意為「橫隔膜肉」的「墨西哥烤肉」改良，在墨西哥捲餅上擺入烤牛肉、蝦子、蔬菜後加入醬料卷起來吃。將喜愛吃的食物包起來吃，無論是製作上、或是食用上都很方便。

淋上不同的醬汁，口味也跟著多元化起來。除了基本醬料的酸奶油之外，以酪梨製作的塔塔醬、微辣的莎莎醬等都可以用來搭配，將牛肉換成雞肉也不減美味喔。

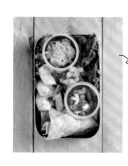

TIP 包裝成一盒的便當

在便當盒底部鋪放沙拉蔬菜，再將烤好的牛肉與蝦子、蔬菜擺放上去。莎莎醬和塔塔醬另外裝入醬料容器中。

星期三
Wednesday

蕎麥冷麵 ○ ○ ○

拔絲地瓜
韓式涼拌梔子蘿蔔
奇異果 ○ ○

冷麵醬汁 ○

麵一邊、醬汁一邊
呼嚕呼嚕品嘗的風味

今日的便當	**第一盒　蕎麥冷麵**
	第二盒　拔絲地瓜＋韓式涼拌梔子蘿蔔＋奇異果
	第三盒　冷麵醬汁

是在便當盒中裝入麵食也能開心享用的菜餚。若只有柴魚，那
將冷麵改成熱麵會更好吃。今天準備的是加入芥末，能振奮精
神的涼爽蕎麥冷麵。將潔白的白蘿蔔磨成泥擺入，並用蘿蔔嬰
裝飾，光看到就讓人忍不住馬上動起筷子。

將冷高湯裝入另一個便當盒中，用餐時當場可以馬上製作冷
麵。將冷高湯倒入裝了麵條的便當盒中，冷麵就上桌了。使用
彷彿讓空氣也瀰漫著甜滋滋氣氛的拔絲地瓜、酸酸甜甜的韓式
涼拌梔子蘿蔔做為配菜，選擇奇異果當作飯後甜點，這真是一
組讓人心情雀躍的便當套餐。

TIP 包裝成一盒的便當

將冷面高湯另外裝入醬料容器
中，在蕎麥麵上以蘿蔔泥與蘿蔔
嬰裝飾。看起來就像是個市面上
販售的木盒蕎麥麵便當。

星期四
Thursday

烏龍麵沙拉
東洋醬汁
○○○○

韓式甜辣雞米花 ○
涼拌梔子醃蘿蔔
青醬義大利麵 ○○

是沙拉呢？還是烏龍麵呢？
簡單的特別菜品

今日的便當　　　第一盒　烏龍麵沙拉＋東洋醬汁
　　　　　　　　第二盒　韓式甜辣雞米花＋涼拌梔子醃蘿蔔＋青醬義大利麵

要將麵食料理準備成便當菜色並不簡單。稍不留意，麵食很容易糊掉、結成團塊。身為一位麵食愛好者，總是嘗試著將這種、那種麵類料理放進便當盒中，在各種實驗下，最成功放入便當盒中的麵類正是烏龍麵。早晨將烏龍麵煮熟、放入便當盒中，到了中午用餐時也不會糊掉。

烏龍麵沙拉是將沙拉蔬菜、烤過的蝦子與烏龍麵和醬料拌在一起吃的料理。讓兩隻蝦子相對，擺出心型圖案提升了便當的可愛度。將冷凍的雞米花炸熟製作成的韓式甜辣雞米花與青醬義大利麵一同放入便當盒中，肚子就不會餓著了。烏龍麵沙拉清淡的口感就靠著涼拌梔子醃蘿蔔來補足了。

TIP 包裝成一盒的便當

先將沙拉蔬菜擺入便當盒中後再放入烏龍麵與烤蝦。配菜依序擺入剩餘的空間中。

星期五
Friday

玉子三明治 ○

青醬義大利麵 ○○

蟹肉棒沙拉 ○○
酸黃瓜 ○
韓式甜辣雞米花 ○

迎接週末的姿態
三明治之王

今日的便當	第一盒　玉子三明治
	第二盒　青醬義大利麵
	第三盒　蟹肉棒沙拉＋酸黃瓜＋韓式甜辣雞米花

三明治是三盒便當食譜中不容錯過的便當菜色。抹上滿滿美乃滋的蔬菜三明治、加入馬鈴薯的馬鈴薯三明治、小孩子最愛的火腿起司三明治，只要更換食材與醬料，就可以經常做出各種各味的三明治了。

若要推選出三明治之王，那毫不猶豫地當然會選擇玉子三明治了。僅僅一顆雞蛋就能征服所有人的胃，絕對不枉其封號。玉子三明治本來是利用黃芥末醬與芥末美乃滋製作而成的，但可以依據個人喜好調整成自己喜愛的醬料。也一起將愈吃愈上癮的青醬義大利麵、造型與口味兼具的蟹肉棒沙拉、酸甜好滋味的酸黃瓜與韓式甜辣雞米花裝入便當盒中。

TIP 包裝成一盒的便當

將便當盒分成三個區域分別裝入三明治、酸黃瓜與雞米花，還有沙拉。

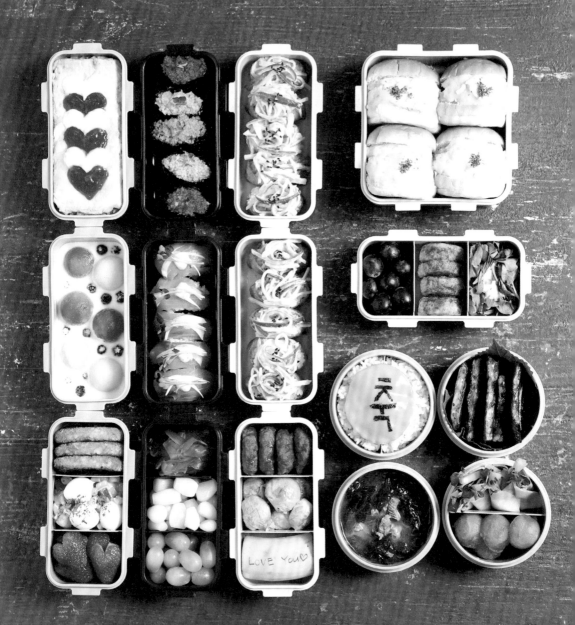

Special Day

特殊便當
In 紀念日

特別的日子，當然要準備特別的便當。
從生日、情人節、聖誕節、運動會、到野餐等…紀念日不勝枚舉吧。
在這種日子裡，會準備色彩更為繽紛亮眼的派對點心。
為了要裝飾便當，美容用剪刀、藥瓶等工具也會在這一天全體總動員。

情人節	愛心蛋包飯＋水果特調＋薯餅＋鵪鶉蛋沙拉＋草莓
野　餐	蟹肉棒豆皮壽司＋韓式甜辣迷你炸豬排＋迷你炒高麗菜＋香蕉
生　日	傳達信息的米飯＋海帶湯＋烤 LA 排骨＋醃蘿蔔蔬菜卷＋西瓜
運動會	馬鈴薯沙拉三明治＋香辣炸雞球＋沙拉
聖誕節	飛魚卵壽司＋鮭魚壽司＋日式紅薑＋蕗蕎＋綠葡萄

第一盒
愛心蛋包飯 ○

第二盒
水果特調 ○○○

第三盒
薯餅○
鵪鶉蛋沙拉 ○○
草莓○

取代巧克力的愛心便當
情人節

在透過甜美的巧克力傳達愛意的這一天，我們藉著便當來傳達情感吧。
在平凡的蛋包飯上利用番茄醬與美乃滋描繪出愛心，
另外也準備愛心造型的草莓與甜蜜口感的水果特調。
滑嫩的鵪鶉蛋沙拉與烤過的薯餅也一起放入便當盒中吧。

愛心蛋包飯

白飯 1 碗（200g）、雞蛋 2 顆、
紅蘿蔔 1/8 根、櫛瓜 1/8 根、
維也納香腸 4 根、食用油 1 大匙、
蠔油 1/2 大匙、番茄醬適量、美乃滋適量

1. 將紅蘿蔔、櫛瓜切成碎丁，香腸也切成
   小丁塊。
2. 在鍋子中倒入食用油、放入紅蘿蔔翻
   炒，當紅蘿蔔熟了之後，放入櫛瓜與香
   腸一起拌炒。
3. 大致熟了之後，放入米飯與蠔油，以中
   火拌炒。
4. 將蛋液過篩瀝除卵帶後，在鍋子中倒入
   食用油，以小火製作蛋皮。
5. 將❹移到砧板上，並以便當盒容器為基
   準切成長度 4cm 左右的蛋皮。
6. 將❸的炒飯裝入便當盒中，並在炒飯上
   方蓋上蛋皮。
7. 將番茄醬與美乃滋裝入藥瓶中，以美乃
   滋→番茄醬→美乃滋→番茄醬的順序描
   繪出愛心後以牙籤塑形。

水果特調

西瓜 30g、香瓜 30g、藍莓 10g、
雪碧 1/2 杯、牛奶 1/2 杯、煉乳 1 大匙

1. 將藍莓以烘焙蘇打粉清洗乾淨。
2. 利用冰淇淋挖勺，挖出一球球的西瓜與
   香瓜。
3. 將雪碧、牛奶、煉乳放入容器中攪拌，
   再放入西瓜、香瓜、藍莓。

第一盒＋第二盒

蟹肉棒豆皮壽司 ◉◉◯◯◯

第三盒

韓式甜辣迷你炸豬排 ◯
炒迷你甘藍 ◯
香蕉 ◯

分著吃更好吃的便當
野餐

到了春天與秋天，即使只有一小會時光，也會想要抽身去某個地方吧。
除了賞花、賞楓之外，就算只是到家裡附近的公園晃晃，也準備便當帶去吧。
蟹肉棒豆皮壽司是我們家經常出現的野餐菜色。
在香蕉的外皮上利用牙籤刻字也別有一番趣味喔。

蟹肉棒豆皮壽司

白飯 1 碗（200g）、方形豆皮 10 塊、蟹肉棒 5 根、小黃瓜 1/4 根、美乃滋 3 大匙、砂糖 1/2 大匙、檸檬汁些許、粗鹽些許、胡椒粉些許
調和醋 食醋 1/2 大匙、砂糖 1 小匙、鹽巴 1 小撮

1. 用粗鹽將小黃瓜的外皮搓洗乾淨，將小黃瓜的籽去除，並切成 3cm 的薄片。
2. 蟹肉棒撕成細絲狀並與放入碗中的小黃瓜薄片、美乃滋、砂糖、檸檬汁、胡椒粉一起抓捏拌勻。
3. 輕輕擰一下豆皮、瀝除水份。
4. 將調和醋材料攪拌均勻製作成調和醋，放入微波爐微波 10 秒左右，將微波好的調和醋與白飯拌和在一起。
5. 將醋飯裝進 ❸ 的豆皮中，約豆皮 2/3 的高度，剩下的 1/3 則放入 ❷。

炒迷你甘藍

迷你甘藍 50g、蜂蜜 2 大匙、食用油 1 大匙、粗鹽些許

1. 摘除迷你甘藍的最外層葉片後，使用清水將甘藍清洗乾淨、對半切。
2. 在滾燙的熱水中放入粗鹽，放入甘藍以中火汆燙 2 分鐘左右，過篩瀝除水份。
3. 在熱鍋中倒入食用油，放入汆燙過的迷你甘藍以中火拌炒。
4. 當迷你甘藍的上下兩面全都熟透之後，倒入蜂蜜再以中火拌炒 10 秒鐘左右。

第一盒

傳達信息的米飯 ○ ○

第三盒

烤 LA 排骨 ○○

第二盒

海帶湯 ○○

第四盒

醃蘿蔔蔬菜卷 ○ ○○
西瓜 ○

透過便當傳達訊息
生日

在乘載祝福心意的起司上利用海苔拼出「祝」字，
並煮一碗韓國慶祝生日時不可遺漏的牛肉海帶湯。
另外烤一份 LA 排骨、順手再做上辣辣甜甜的醃蘿蔔蔬菜卷，
利用便當盒呈現出開趴踢的氛圍。
這肯定是人氣滿分的生日便當套餐。

烤 LA 排骨

LA 排骨 400g
醬料 洋蔥 1/6 顆、生薑 1/3 塊、醬油 5 大
匙、料酒 5 大匙、砂糖 5 大匙、水 5 大匙、梨
汁 2 大匙、蒜末 2 大匙、胡椒粉些許

1. 將排骨浸泡在冷水中直至血水洗淨為
   止，以每小時一次的間隔更換乾淨的水
   來清除血水。
2. 利用刀子將排骨上的油脂部份去除。
3. 將洋蔥與生薑放入攪拌機中攪拌後，與
   其他醬料拌勻製作成醬料。
4. 將❷的排骨放入醬料中至少醃漬 3 小時
   以上，待其熟成。
5. 將❹放入鍋中，以中火烤熟。
註：LA排骨，為側切英語Lateral的簡稱。

醃蘿蔔蔬菜卷

醃蘿蔔片 7 片、紅色甜椒 1/4 顆、黃色甜椒
1/4 顆、蟹肉棒 1 根、蘿蔔嬰些許
醬汁 砂糖 1 大匙、食醋 1 大匙、芥末 1/2 大
匙、醬油 1/2 大匙

1. 將甜椒切成 4×1cm 的大小，蟹肉橫切
   成 4cm 左右的長度。
2. 先把醃蘿蔔平放，將甜椒、蟹肉棒與蘿
   蔔嬰依序放在醃蘿蔔 2/3 位置處，最後
   從醃蘿蔔空餘的部份往上摺起，使兩側
   邊緣處交疊。
3. 將醬料材料攪拌均勻製作成醬汁、淋上。

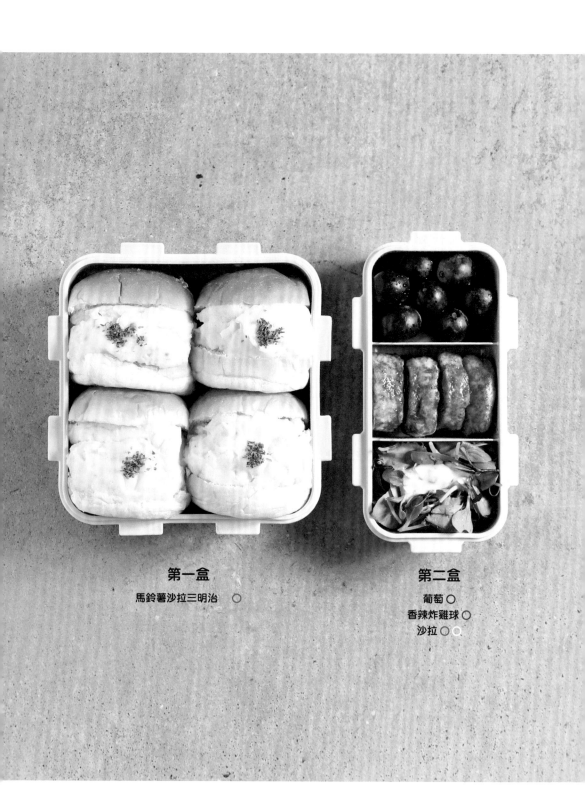

第一盒

馬鈴薯沙拉三明治 ◯

第二盒

葡萄 ◯
香辣炸雞球 ◯
沙拉 ◯◯◯

母親牌便當
運動會

小時候只要到了運動會，就會想起媽媽親手製作便當給我的日子。
在媽媽牌菜單中，馬鈴薯沙拉三明治與牛奶絕對占有一席之位。
實在太好吃了，就算賽跑得了最後一名，開心的心情絲毫不受影響。
懷念起媽媽的味道，因此準備了這幾道菜色。爽口的小黃瓜無疑是神來之筆。

馬鈴薯沙拉三明治

餐包 4 個、馬鈴薯 2 顆、雞蛋 1 顆、小黃瓜 1/4 根、美乃滋 3 大匙、粗鹽 2 大匙、黃芥末醬 1 大匙、蜂蜜 1 大匙、鹽巴 1/2 大匙、胡椒粉些許

1. 將馬鈴薯的外皮刨除後切成塊狀，放入鍋中。
2. 注入能蓋住❶馬鈴薯高度的水，放入 1/2 大匙的粗鹽後，以中火煮 20 分鐘。
3. 雞蛋也放入加了 1/2 大匙粗鹽的水中煮 10 分鐘左右。
4. 利用 1 大匙的粗鹽，將小黃瓜表面的髒物搓揉乾淨後切成薄片，以 1/2 大匙的鹽巴醃漬 15 分鐘左右。
5. 待雞蛋煮熟後剝掉外殼，與煮熟的馬鈴薯一起放入容器中，以叉子壓碎。
6. 將鹽巴醃漬的小黃瓜薄片清洗乾淨，並利用餐巾紙吸除水份後，將小黃瓜剁成末狀。
7. 將小黃瓜末與美乃滋、黃芥末醬、蜂蜜、胡椒粉攪拌均勻，並以些許鹽巴調味後，放入兩個麵包之間。

香辣炸雞球

冷凍雞胸肉球 100g、食用油 2 大匙
醬料 辣椒醬 1 大匙、番茄醬 1/2 大匙、水 1/2 大匙、糖漿 1/2 大匙、砂糖 1 小匙、蒜末 1/2 小匙

1. 將冷凍雞胸肉球拿至常溫下放置 10 分鐘左右，待其自然解凍。
2. 在熱鍋中倒入食用油，將解凍的雞胸肉球放入鍋內煎烤。
3. 將醬料材料攪拌均勻製作成醬料。
4. 將醬料倒入烤好的雞胸肉球中拌勻，再讓醬汁滾煮一次。

第一盒

飛魚卵壽司〇〇　〇

第二盒

鮭魚壽司〇〇〇

第三盒

日式紅薑〇
蕗蕎〇
綠葡萄〇

冬天裡的五顏六色
聖誕節

利用各種色調的飛魚卵來製作聖誕節版限定壽司。
若錯過鮭魚壽司很可惜吧！比起夏天、在寒冷的冬天製作壽司便當更能確保食安上的安全。
在前一天記得先將冷凍的醃燻鮭魚移至冰箱冷藏。

飛魚卵壽司

白飯 1/2 碗（100g）、飛魚卵（紅色、黃色、綠色）各 30g、壽司用海苔 2 張、蘿蔔嬰些許、芥末 1/2 大匙、蘇打水 1 杯
調和醋 食醋 1/2 大匙、砂糖 1 小匙、鹽巴些許

1. 將飛魚卵浸泡在蘇打水中 15 分鐘後，瀝除水份。
2. 將壽司用海苔橫向剪成 4 等份。
3. 將調和醋材料攪拌均勻製作成調和醋之後，放入微波爐中轉 15 分鐘左右，再將加溫的調和醋與白飯拌在一起。
4. 手沾一下水，捏取比筷子兩根粗度稍微少點的❸醋飯擺在壽司用海苔底端，包出壽司的樣貌。
5. 在醋飯上放上一點的芥末，然後在最上方擺上飛魚卵與蘿蔔嬰。

鮭魚壽司

白飯 1/2 碗（100g）、煙燻鮭魚片 5 片、洋蔥 1/6 顆、壽司用海苔 1 張、蘿蔔嬰些許、芥末 1/2 大匙
調和醋 食醋 1/2 大匙、砂糖 1 小匙、鹽巴些許
醬料 洋蔥 1/8 顆、酸黃瓜 3 塊、美乃滋 2 大匙、檸檬之 1 大匙、蜂蜜 1/2 大匙、鹽巴需許、胡椒粉些許

1. 洋蔥切成細絲狀後浸泡在冷水中，洗去辛辣味。
2. 將醬料用洋蔥與酸黃瓜切成細緻的碎末後，與其他材料攪拌均勻製作成醬料。
3. 將調和醋材料攪拌均勻製作成調和醋之後，放入微波爐中轉 15 分鐘左右，再將加溫的調和醋與白飯拌在一起。
4. 將壽司用海苔直向剪成 4 等份。
5. 手沾一下水，捏取比筷子兩根粗度稍微少點的❸醋飯擺在壽司用海苔底端，包出壽司的樣貌。
6. 在醋飯上放上一點點的芥末後擺上醃燻鮭魚，最後再擺上❷的醬汁與洋蔥絲、蘿蔔嬰。

生活樹　生活樹系列 071

《週間便當》

한입에 주간 도시락 : 한 번 장봐서 일주일 먹는다

作　　　者	李伊瑟 이이슬
譯　　　者	陳郁昕
總 編 輯	何玉美
主　　編	紀欣怡
責任編輯	林冠妤
封面設計	走路花工作室
版型設計	葉若蒂
內文排版	菩薩蠻數位文化有限公司

出版發行	采實文化事業股份有限公司
行銷企劃	陳佩宜・黃于庭・馮羿勳・吳沛儒・蔡雨庭
業務發行	張世明・林踏欣・林坤蓉・王貞玉
國際版權	王俐雯・林冠妤
印務採購	曾玉霞
會計行政	王雅蕙・李韶婉
法律顧問	第一國際法律事務所 余淑杏律師
電子信箱	acme@acmebook.com.tw
采實官網	www.acmebook.com.tw
采實文化粉絲團	www.facebook.com/acmebook01

I S B N	978-957-8950-99-3
定　　價	380 元
初版一刷	2019 年 4 月
劃撥帳號	53945891
劃撥戶名	采實文化事業股份有限公司
	104 台北市中山區南京東路二段 95 號 9 樓
	電話：(02)2511-9798　傳真：(02)2571-3298

國家圖書館出版品預行編目 (CIP) 資料

週間便當：星期一到星期五都要好好吃飯！一週 5 天的便當菜 x 45 款
變化 x 98 道菜色 / 李伊瑟著；陳郁昕譯 . -- 初版 . -- 臺北市：采實文化，
2019.04
　　面；　公分 . -- (生活樹系列 ; 71)

ISBN 978-957-8950-99-3 (平裝)

1. 食譜
427.17　　　　　　　　　　　　107020292108002950

采實出版集團
ACME PUBLISHING GROUP
版權所有，未經同意不得
重製、轉載、翻印